정재승의 인간탐구보고서 3
인간의 감정은 롤러코스터다

人類探索研究小隊 3

為什麼人有這麼多情緒？

企畫 · 鄭在勝 정재승
文 · 鄭在恩 정재은 李高恩 이고은
圖 · 金現民 김현민
譯 · 林盈楹

目錄

加入「人類探險研究小隊」

帶孩子認識「智人腦的驚奇」

　　如果只能選一本書讓兒童和青少年閱讀的話，那麼我一定會選擇《關於我們的科學》。究竟我們人類為什麼會這樣子行動和思考，我認為必須要讓他們認識「心理的科學」。因為在我們的孩童時期，那些讓我們非常好奇和煩惱的事情，大部分都是源自於我和家人，朋友們，亦或是鄰居的內心狀態。

　　為什麼媽媽越是不讓我做的事，我就越想做呢？為什麼爸爸比較關心哥哥，我就會覺得嫉妒，甚至也變得討厭哥哥呢？為什麼每當要考試的時候，就變得更想看課外讀物，反而不想讀學校課本呢？為什麼有了喜歡的女同學，明明應該要對她好的，卻時不時就想捉弄她呢？

　　真的有好多好想知道的為什麼。

給孩童的心理科學

　　探究內心狀態的學問，也就是腦科學與心理學，給予了我們那些關於人類的思考、判斷和行為的最有趣的解釋。

過去的 150 年間，神經科學家們和心理學家們發表了相當多「人類大腦如何運作並影響心理」的研究。雖然學習外國語言，或複雜的數學公式，對於正就讀小學和中學的孩子來說也很重要，但讓孩子認識「心理科學」是最重要的一門學問之一。

　　科學家對於**我是誰**，以及**我們是什麼樣的存在，人類社會為什麼是如此運作等主題**，所發表的許多研究事實，必須要讓我們的孩子認識並了解。

　　因為那些是真正對我們有益的知識。

　　不過令人感到驚訝的是，在我們的國家，一直到高中畢業都沒有機會學習腦科學或是心理學。

　　在生物課時，頂多會大概介紹「我們的大腦是一種叫神經元的神經細胞透過突觸形成連結的巨大網絡（Network），神經元之間會互相傳遞電流信息，並形成驚人的作用。」除此之外，這個世界並不教育我們的孩子「大腦和心理」的相關知識。

　　我自己有三個女兒。如果說可以為了我就讀小學的女兒們出一本書的話，我認為必須要是「專為兒童與青少年設計的腦科學」這樣的書。於是就誕生了現在這本書，準備了足足有十年的這本書，在經歷了百般波折之後，終於撥雲見日，能夠以漂亮的面貌呈現給大家。但願這本書對於所有 10 多歲孩子，

不論是渾沌的孩童時期，還是承受許多煩惱而痛苦的叛逆期，都能成為他們「關於自己的親切指引說明書」。腦科學和心理學，會將孩子們引導向有益的徬徨與真摯的反省覺察。

陌生觀察人類的日常

這是一本透過外星人的角度來探索人類的精采故事書。

四個外星生物體：阿薩，芭芭，歐洛拉，還有羅胡德從埃吾蕾行星來到了地球。

他們在埃吾蕾星球上沒有辦法繼續生活了，為了尋找可以移居的其他星球，他們被派來觀察這些地球的統治者：人類。

他們要來看看，究竟是要擊退人類們並佔領地球呢，還是和人類們共存，一起在地球上生活呢？

對第一次見到智人的埃吾蕾外星人來說，人類的所有一舉一動都是有趣的觀察項目。

像是過分的執著在臉上那些大大小小聚集在一起的眼睛、鼻子、嘴巴的形狀這件事也很有趣；還有和自己相比，地球人的記憶力也很差。甚至對於會突然就發脾氣，無法好好抑制衝動的這些人類感到相當神奇。儘管如此，人類竟然還稱他們自己是「明智的動物（Homo Sapiens，智人）」。一點也不按照

常理行動的我們，在埃吾蕾外星人眼中應該只會覺得很愚蠢吧。不過隨著他們也漸漸了解我們，應該也會發覺我們人類的優點吧！值得期待。

　　在孩子打開這本書的第一頁，就會開始經歷用客觀的外星人視角來觀看人類的體驗。和阿薩和埃吾蕾探查隊一樣，在觀察人類之後，也要共同參與把「探索報告書」寄送回埃吾蕾行星的過程。透過這個過程，孩子會經驗到用陌生的眼光，觀看那些過去我們認為平凡且理所當然的日常。就好像我們觀察昆蟲也會寫下記錄日記一樣，觀察人類的日常生活，並寫下探索報告書，也會帶我們認識自己。

人類是可愛又驚奇的生命體

　　在閱讀過程之中，孩子才會真正「理解」我們人類。就和外星生命體羅胡德一樣，一開始認定「人類真是無法理解的奇怪動物」，後來卻也慢慢的理解了我們。雖然智人的記憶中樞完全不可靠，不久前才看過的事物也會忘記，但也是因為這樣，我們為了補救不可靠的記憶中樞，獲得了「判斷什麼才是一定要記住的事物，以及什麼才是珍貴的事物的能力」我們也因此領悟到，就是那樣的能力使我們成為了更美好的存在。

朋友買的衣服，我看了也想買。雖然肚子不餓，但一看見哥哥在吃東西，我也變得想吃。光是看妹妹哭，我的眼淚也跟著快掉下來了。我們人類是一種「奇妙的跟屁蟲」。

　　但我們也可以意識到，就是多虧了這一點，我們能夠和其他人的情感產生共鳴，並且一起克服傷痛，戰勝困苦的逆境。

　　就如同阿薩和埃吾蕾探查隊，我們的孩子也會透過一邊閱讀這本書，一邊領悟到人類存在的奧妙。這樣的方式，最後外星生命體埃吾蕾人們也會認同「人類是多麼值得被愛的存在」。人類雖然極度不合理又時常衝動行事，有時候甚至還很殘暴，但如果透徹認識人類內在的本質，便能領悟到我們智人是多麼可愛的存在。但願這些埃吾蕾星球的外星生命體們不要想統治我們，而是陷入我們人類的迷人魅力中就好了。最重要的是，人類的大腦做為一輛雙頭馬車，由理性和感性這兩匹馬率領前進，為了讓我們生活的世界變得更加美好，一直不斷的努力，我希望這些年輕的讀者能夠了解到，人類的大腦就是如此驚奇的器官。我們既擁有稱作科學的精密的顯微鏡，同時還擁有稱作藝術的豐盛的樂器，我們事實上就是這樣了不起的生命體。人類具有感性，同時也是理性的存在，我們能以豐富的感性創作出梵蒂岡西斯汀禮拜堂的「創世紀」那樣的壁畫，同

時也能以理性探究出宇誕生於 138 億年前的大爆炸。

一場充滿挑戰的人類森林探險！

　　在人類的真面目全部徹底的揭開前，阿薩和埃吾蕾探查隊的「人類探索報告書」會持續不斷的發送到埃吾蕾行星。直到外星生命體充分了解到智人的大腦所擁有的神奇能力，以及其可愛的魅力為止，報告書是絕對不會終止的。我們的孩子也會一起變得更加深入的認識人類吧？我誠心的期許孩童和青少年們，在外星生命體埃吾蕾人們寫下的「人類探索報告書」中，可以經驗到發現自我的驚奇過程。因為事實上，人類探索報告書並不是埃吾蕾行星的征服者為了要統治人類社會而寫的恐怖報告書，而是外星探險家在探索這個叫做人類的森林時，記錄下充滿挑戰的報告書。那麼，大家現在就和他們一起愉快的展開這場人類探險吧！

鄭在勝（KAIST 腦認知科學系教授）

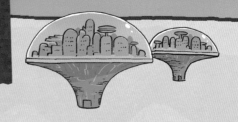

個子小頭腦好的科學家。聽覺能力非常非常的敏銳。甚至連他人在二樓的埃吾蕾本部時，也能夠聽見一樓螞蟻的呼吸聲！平時為了內心的安穩，他並不太使用這個能力。然而因為受到接連不斷的奇怪監視，最終還是發揮了這隱藏許久的聽覺能力！

阿薩

埃吾蕾行星的科學家，擅長操作高科技設備。都怪他自己要變身成小狗，導致他意外的成為探查隊的可愛擔當。他最近已經能夠完美駕馭小狗撒嬌的技術。誰叫地球人只要一看到小狗狗就暈頭轉向！

芭芭

歐洛拉

埃吾蕾行星的軍人。美髮院的掃地達人。在達到目標的過程，只要是會造成妨礙的東西，不論那個東西是什麼，他都隨時準備好要消滅它。他就是一位冷酷的行動派戰略軍事家。在他眼裡最無法理解的一號人物，就是每分每秒都看心情做事的威妮院長。直到有一天，他在美髮院遇見了一個和地球人不一樣的完美客人……

羅胡德

埃吾蕾行星的外星文明探險家。作為外星人，有著毛躁鬆散（？）的魅力，因此很容易就能和地球人混熟。軟綿綿又胖乎乎的肚子是他的特色。雖然他一邊探險宇宙各處，一邊經驗了各式各樣的文化，但果然沒有什麼是能夠超越地球的電視！只要他下定決心的話，他可以 30 個小時都黏在沙發上看電視。

桑妮

　　小學五年級的無厘頭活潑女孩。和其他地球人一樣，從早到晚都在擔憂。她最近最擔憂的事就是訓練營。因為不知道會不會在營地遇到鬼，她內心抱著一半擔憂和一半期待。

宥妮

　　國中二年級，對於外貌、朋友，還有流行都很感興趣。每天早上都會花 1 小時的時間站在衣櫥前煩惱。她為了不想在朋友間落伍，經常在「裝」。

威妮院長

　　威妮美髮院的主人。最怕遇到龜毛的客人。無法按耐住突然湧上的火氣，是衝動又易怒的性格。她每次生氣的時候，就會變得想吃辣炒年糕。

撿撿老奶奶

　　威妮院長的母親。只要做了食物，就會送去隔壁鄰居家。她的寶物，就是她一逮到機會就一點一點蒐集的那些地下室寶物們。那個地方也有埃吾蕾探查隊的寶物！

小俊

　　五年二班的過氣男同學。他最近把最受歡迎人的人氣王寶座轉讓給了阿薩。雖然從讀書到運動，他沒有一樣不擅長的，但他變得很愛和別人比較。

潤博

　　地底世界老大的手下，嘴裡總是嚼著泡泡糖，好像是因為泡泡糖有助於創意力。雖然看起來好像少根筋，但她其實是一個很有才能的科學家。

黑西裝人

　　地底世界老大的另一名手下。他如果不穿黑色西裝，對於時尚的自信心就會下降。從埃吾蕾人抵達地球的第一天開始，這號可疑的人物就一直詭異的出現在他們的周圍。

全新的
追蹤者登場

羅胡德身陷危機？

埃吾蕾探查隊的任務，就是探索地球人和地球環境，然後平安無事的回到埃吾蕾行星。

但是回歸的時機，不是由探查隊決定的。需要由要埃吾蕾行星發送來即將通過蟲洞的太空船才行。

在那之前，探查隊不能被發現真面目，並且要守護好自身安全。

因為根據先前在外星人實驗室裡看到的 X 檔案內容，地球人很有可能對外星人是帶有敵意的。

「走了嗎？真的走掉了吧？」

羅胡德百分之百確認追蹤者消失遠去後，才回去埃吾蕾人的臨時本部。

「羅胡德，你把這個裝在地球人套裝上吧，剛剛差點就被發現了。」

芭芭遞給了羅胡德一個小小的機器。這是能使外星雷達偵測器失效的機器。

1

一個完美外星人
的苦衷

地球人有嫉妒心？

　　阿薩感覺到有人在注視著他。會是外星人追蹤者
嗎？還是追蹤者派來的間諜？阿薩迅速轉身，面向那個
連腳步聲都沒有，逐漸靠近他的敵人。

　　「哇，你嚇到我了啦！」

　　桑妮大叫了一聲。桑妮既不是外星人追蹤者，也更
不會是追蹤者的間諜。不論是身體上還是智力上的能力
都偏低，年齡也還小。在地球上，是不會交付重要任務
給年幼的孩子。

　　即便是那樣，阿薩還是做了確認。

　　「妳在監視我嗎？理由是？」

　　「我哪有。我只是想跟你一起去學校而已。」

「知道了。」

「阿薩你啊，有時候看你真的是很奇怪。好像不是地球人……該說是天才嗎？」

「對，是天才。」

「你看你的語氣，真的是很奇怪。」

桑妮搖了搖頭。

在學校大門前，阿薩感覺到窺視自己的目光。小孩地球人都在偷偷拍阿薩。阿薩粉絲俱樂部人數持續上升，粉絲俱樂部的危險程度並不低於追蹤者。像這樣被監視著一舉一動，是非常容易就暴露出真面目的。

「我在地球上犯的最大的錯，就是變身成一個長得帥的臉蛋。」

阿薩走近那些拍照的孩子們。

　　進到教室的瞬間，阿薩又察覺到了奇怪的視線。阿薩小心翼翼的觀察每一個孩子。難道是因為還無法完全掌握地球人的表情和舉止背後的意義嗎？阿薩感受到了僅用視覺分析的限制。

　　於是阿薩開啟了他那和智力一樣敏銳的聽力。雖然他平常為了避免過多的吵雜，而刻意壓抑聽覺功能，但現在為了找出監視者，不得已只好承受恐怖的噪音。

那個聲音裡充滿了監視者的忿忿不平。阿薩一步一步走近監視者。監視者嚇了一跳，猛然抬起頭來。

「小俊，你為什麼要一直盯著我，為什麼說看了我就討厭呢？」

「我什麼時候這樣說了？我沒事幹麻要看你啊？怎樣，你以為我看你長得帥所以嫉妒你喔？」

慌張的小俊因為不知所措，一不小心就把真心話說了出來。

在阿薩來之前，小俊一直是五年二班的人氣王。

他是班上同學投票選出來的學生會會長，不但成績好，也很擅長運動，所以人氣很高。自從阿薩出現後，那些原本屬於小俊的一切，就這樣一口氣全被搶走了。

阿薩除了真的是天才以外，也真的長得很帥，還因為他不太講話的神秘主義風格，提升了許多人氣。更不要說他在那一次記憶力對決的時候，給小

小俊，你的記憶力未達平均標準。

噗哈哈哈！未達？不足夠的意思嗎？

……

嘻嘻。從今以後，小俊的綽號就叫未達啦！

俊套上了一個恥辱的綽號。

「你是天才，而我叫未達？哼，我一定要報仇。」

從那天起，小俊就一直緊盯著阿薩。小俊的作戰計畫是找到阿薩的弱點，然後讓他的人氣下跌。但是阿薩幾乎不曾展現出弱點。

在無可奈何之下，小俊使出了卑鄙的手段。他四處散布了有關阿薩的不實謠言。

「聽說阿薩在以前的學校被大家孤立。他都裝作自己很厲害，還很自私……」如果今天轉學來了一個被孤立的新同學，通常班上的孩子也不會輕易去靠近他。小俊希望這樣散布謠言後，就能讓阿薩的人氣大跌。但這卑鄙的陰謀並沒有按照小俊的意圖發展。班上的同學反而對阿薩更加感興趣。桑妮還甚至直接主動站出來說要當阿薩的死黨。

桑妮從幼稚園小班開始，一直都是小俊最要好的朋
友。現在就連最好的朋友也被搶走了，小俊心中的嫉妒
之火於是越燒越烈。加上阿薩那一臉無所謂的樣子，好
像只有自己在焦急，讓小俊感到更加憤怒。

　　小俊那強烈燃燒的嫉妒心使阿薩感到很不自在。因
為小俊如果一直用那犀利的眼神監視阿薩，很有可能會
發現阿薩的真面目。於是阿薩和埃吾蕾探查隊一起商量
了對策，討論該如何避開小俊的監視。

幾天後，來到了阿薩最喜歡的數學考試日，阿薩展開了裝能力不足的地球人作戰。阿薩和平常一樣，一口氣就寫完了二十題的答案，接著他慎重的把最後一題做了修改，故意修改成錯誤的答案。

小俊也非常慎重的解題。不枉費他為了贏過阿薩，在家拼命用功讀書。

「都是我會的題目。這次我也會拿滿分，哼！」

小俊交出考卷前，斜眼瞪了阿薩一眼。偏偏不小心就看到了阿薩的考試卷。

「哦，第 20 題的答案跟我的不一樣耶？我應該有算對……阿薩才是對的嗎？畢竟他是數學天才啊！」

沒有時間再算一次了。小俊短暫的苦惱了一下，最後改成了和阿薩一樣的答案。然而，考試結果……

地球人是嫉妒鬼

🌍 地球2019年7月4日　🎈 埃吾蕾7385年21月49日／撰寫人：阿薩

地球事件概要

* 我在地球日期的30號以前就開始受到了小俊的監視。小俊監視我的原因是因為嫉妒心。小俊對於我把他的人氣搶走感到很嫉妒。

* 地球人並不會隨隨便便監視其他地球人。地球人會監視自己喜歡的人，也會監視自己討厭的人。他們一天到晚在找監視的對象。但無法知道他們選擇監視對象的標準是什麼。他們似乎就只是享受監視他人的感覺。

* 小俊監視我還不夠，連我的考卷也監視了。我為了表現得能力不足，故意寫錯了一題，而小俊也因此抄了錯誤的答案。小俊原本對自己的答案是很有自信的，認為自己寫的是正確答案。由此可見，地球人的嫉妒會使理性的判斷變得麻痺。

地球人會不斷拿自己與他人做比較

● 地球人會不斷拿自己和他人做比較。不論是成績、幸福、還是外表，他們會將自己之外的其他地球人作為標準來評判所有事情。如果自己擁有的比其他地球人多，就會感到快樂，如果擁有的較少，就會感到悲傷。他們每件事情都要和別人比較並競爭。

● 也因為如此，地球人在看到別人成功時，會感覺到自己失敗了，但實際上這兩件事情沒有關聯。小俊對我的嫉妒心就像是這樣。嫉妒心對於地球人而言，是一種非常強烈的情緒。甚至有句話說，肚子餓能忍，羨慕別人而心癢癢的感覺卻無法忍。萬一來到地球的埃吾蕾人具備會刺激地球人嫉妒心的條件，地球人很有可能會喪失所有的理性。

● 對成功者的嫉妒，會在他失敗的那瞬間轉變成一種快感。這些情感用中文成語來說，叫做「幸災樂禍」，在德文裡叫做「Schadenfreude」。地球人總是偷偷盼望別人遭遇不幸。真是太惡劣了！

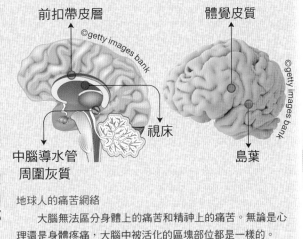

心若疼痛，身體也會跟著疼痛的地球人

在韓國有句諺語叫做「看見堂兄弟買了地，我就嫉妒得肚子疼」。這是在形容看到比自己優秀的人而產生嫉妒感的一句話。

根據地球上的一項研究，實際上產生嫉妒的時候，是真的會讓身體感到疼痛的。因為在嫉妒的情況當下，專門感受身體疼痛的大腦部位也會被活化。

前扣帶皮層

體覺皮質

視床

中腦導水管周圍灰質

島葉

地球人的痛苦網絡

大腦無法區分身體上的痛苦和精神上的痛苦。無論是心理還是身體疼痛，大腦中被活化的區塊部位都是一樣的。

情緒會在地球人的判斷中發揮作用

- 當地球人的理性癱瘓時，我們更要特別小心。因為在理性判斷的時刻，情緒也會起作用，所以無法知道理性麻痺的地球人有多危險。過去曾經有過一個事件：一名男子意外被鋼管穿透了他的頭部，而在事故發生後不久，儘管他的認知功能都正常，卻表現出粗暴、衝動及違反社會規範的行為。他受傷的部位，正是擔任地球人做決策時最重要的角色：**腹內側前額葉皮質**。

- 前額葉皮質會根據情緒決定該事件是好事還是壞事。如果感受是好的，就會持續做那件事，如果感受不好，就會停止。由於前額葉皮質受到損傷，他無法將情緒與事件連結，因而失去判斷能力。

- 地球人會將無法感受情感的人稱做「精神病患者」。有些精神病患者因為無法同理對方的感受，進而殺人犯罪。有研究結果顯示，這些人控制情緒的額葉功能只有一般人的 15％，且抑制攻擊傾向的血清素分泌不足，因此很容易就會發火。假如你遇到了一個沒有情緒的地球人，最好趕快逃跑。地球人不論是有沒有情緒，都是危險的存在。

地球人的自言自語

- 地球人偶爾會自言自語。但我都聽得見。地球人之間好像無法聽到彼此的自言自語。有些地球人有時也會故意把自言自語的內容大聲說出來。要說就說出來，不想說就不說，不知道地球人為什麼要採取這種曖昧不明的表達態度。

- 地球人的聽力在地球上所有的生物中，範圍較窄。因此可以聽見的聲音領域很小。振動頻率在地球語言中以 Hz（赫茲）作為單位，地球人可聽見的聲音頻率最低從 20Hz 的低音，到最高 20,000Hz 的高音。

- 與地球上的其他生物相比，地球人的聽力較弱。好像就是因為這樣，在教室裡大家可以同時一起講話。地球人似乎擁有只聽自己想聽的東西的能力。若要在地球使用通訊設備，可以選擇極低頻或是超音波。

＜地球生物可以聽見的聲音領域＞

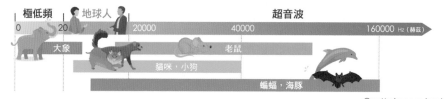

©getty images bank

視障人士對聲音更加敏銳的大腦

　　有一群地球人，他們擁有更優異的聽力，那就是視障人士。因為這群人的聽覺皮層，比非身心障礙者發展得更加敏銳。地球人們將其解釋為「大腦的可塑性」。大腦會為了要適應環境，而使損傷部位周圍的其他領域更加發達，以替代補償受損傷的部位。

暖色區塊是對低音敏銳反應的領域。視障人士在聽到「la」這個音階時，會精準的只對「la」這個音起反應。

非身心障礙者

視障人士

©Kelly Chang /U. of Washington

2

在訓練營時
差點曝光

地球人總是為擔憂而擔憂？

「與小小地球人一起度過 48 小時。」

一天 6 小時都已經夠恐怖的了，現在竟然要整整 48 小時和這群小小地球人待在一起？除了身上要穿著悶死人的地球人套裝度過兩個晚上，就連阿薩根本就不喜歡的地球人食物，還要吃整整六次？

「為了我心靈上和身體上的安全，我要拒絕這個可怕的任務。」

阿薩斬釘截鐵的說。

「被發現真面目的危險性很高，不要去比較好。」

埃吾蕾探查隊接受了阿薩的意見。因為和探索地球人的任務比起來，探查隊的安全還是更為重要。

阿薩！你不去訓練營嗎？

桑妮一聽到阿薩不去訓練營的消息，就馬上找來阿薩家。

「你為什麼不去？你又沒有生病或不舒服。我們一起去吧？」

「我沒有理由要跟你解釋原因。」

雖然阿薩直截了當的回應桑妮，但桑妮仍不死心。她鍥而不捨的繼續說服阿薩。

「一起去嘛，一定超好玩的。有你在我們班才能在答題比賽得第一名。而且哪有小學生不參加訓練營？」

「不要，不好玩。管他第一名還不第一名的，我沒興趣。」

不論桑妮怎麼勸，阿薩都不改變心意，桑妮很失望，於是對阿薩說：

「你真的很奇怪。為什麼大家喜歡的東西你都討厭？你是外星人吧？」

那一刻，埃吾蕾探查隊的表情都僵住了。

你是外星人吧？

阿薩為了要證明自己是地球人，只好決定接收下這個恐怖的任務。

　　地球人為什麼會想要和其他人一起睡覺，一起吃飯，一起學習呢？甚至連要去排泄的時候，都要成群結隊一起行動……阿薩無法理解像這樣無視個體差異，既低效率又不方便的地球人習性。但他倒是很快就理解了為什麼「不去訓練營就是外星人」的這個說法。

　　孩子在訓練營日到來之前的每一天，都在談論訓練營的事。整個教室都飄著期待和興奮的氛圍。

然而，大家除了滿滿的期待，還有滿滿的擔憂。阿薩不能理解，為什麼地球人要把時間浪費在沒有任何用處的擔憂上。

阿薩用簡單明瞭的方法，就把孩子擔憂解決得一乾二淨。

但大家沒有因此變得比較安心，反而用冷冰冰的眼神瞪著阿薩，邊搖著頭。小俊甚至對阿薩大發雷霆。

絕對不會錯的，地球人肯定是喜歡擔心。還會因為擔心無法擔心而擔心。

　　可怕的任務執行日到了，羅胡德和芭芭為了要鼓勵痛苦不堪的阿薩，特別送阿薩到了學校。學校前有許多來送別孩子們的成人保護者。他們在孩子出發離開之後，還在原地徘徊，且不停擔心著。

嗨，
阿薩！

呃，什麼
味道啊？

這個
給——你。

趕走妖魔
鬼怪的大蒜
項鍊！

我姊姊以前也有
去過那個訓練場，
她說那裡會有
幽靈出沒。

聽說有
白衣女鬼，還有
外星人幽靈。

妳是在用未經證實的對應法驅趕未經證實的存在。

你在說什麼？反正項鍊給我戴好，拿下來的話我就跟你絕交。

呃……

好嗆人的味道。連皮膚都感覺到火辣辣的，的確不管幽靈還是吸血鬼，只要聞到一定都會逃得遠遠的。

可惡，還扯什麼吸血鬼。我到底又為什麼要戴著這個東西？

嗚

　　「吸血鬼根本就不存在，幹嘛不這樣說就好……難道大蒜有讓埃吾蕾人的理性和智力癱瘓的功能？ 之後要好好來研究。 」

　　雖然學校生活對阿薩來說也很難適應，但訓練營更是恐怖至極。毒辣的大蒜項鍊使地球人套裝下的肌膚刺痛難耐。

但阿薩根本沒有空閒看他的皮膚，他忙著在空曠的樹林中尋找紙條。

放著平坦的路不走，偏偏要懸掛在繩索上。

明明繞個彎就能過去的水坑，必須要用跳的才能通過。就這樣，最後跌進了泥坑裡……

不論是在尋找藏在樹林裡的紙條，還是在吃晚飯的時候，阿薩腦中想的只有一件事，那就是找一個能獨自待著的地方。哪裡都好，他必須趕快把地球人套裝脫個精光，好好檢查自己的皮膚。不能再拖了。

「至少要先用水清洗一下。如果肌膚壞死的話，在地球上很可能沒辦法接受治療。」

但阿薩根本連一分鐘都無法脫離這群孩子。房間也是好幾人共用，去餐廳吃飯也是團體行動，玩遊戲也是所有人一起。聚在這裡的地球人，是完全沒有個體概念的一群生物。

阿薩小心的察言觀色，終於找到了偷溜出去的機會。在大家都沉浸在遊戲中時，阿薩悄悄的站起。

「我去一下廁所……」

阿薩實際上並沒有去廁所，而是去了淋浴間。正如預期的那樣，淋浴間裡沒有任何人。

阿薩脫下地球人套裝一看，皮膚已經腫得發青了。

救命啊!

呃啊,
有怪物
幽靈啊!

阿薩,發生
什麼事了?

暈……

怪物幽靈……
阿薩的頭……

哎呀!

剛剛怪物幽靈跑了
出來,要是小俊不在
的話,我差點就被
抓去吃掉了。

汪汪

淚眼

你們在說什麼啊？你們是做夢了嗎？

你看吧，我就說這裡會有幽靈出沒！可是真的是小俊救了你嗎？

嗯！他超勇敢的！

哇！數學天才阿薩也敵不過幽靈啊！

小俊好帥啊！

小俊，說說看嘛，你是怎麼辦到的？

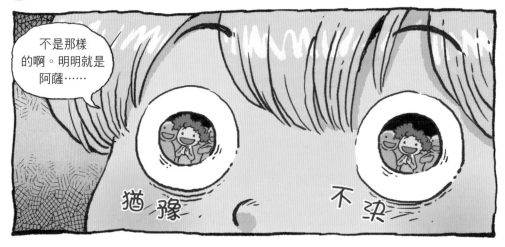

不是那樣的啊。明明就是阿薩⋯⋯

猶豫

不決

地球人會為了克服困難而製造擔憂

地球2019年7月12日　埃吾蕾7385年22月16日／撰寫人：阿薩

地球事件概要

* 為了不暴露埃吾蕾人的真面目，我果敢接下了這項巨大的挑戰。與地球小學生一起度過48小時。我必須要完成這48小時都無法脫下地球人套裝的恐怖任務。

* 這項挑戰的目的，原本是為了要隱藏真面目，結果卻因為地球的大蒜，面臨到了更危險的狀況。地球人運用不科學的方法來避免肉眼看不見的東西。地球上一種叫做大蒜的物質，對埃吾蕾人的皮膚造成了巨大的威脅。

* 比起不去訓練營而被懷疑，可以斷定和地球小學生一起生活時會遭遇的危險更加龐大。如果遇到必須要和地球人一起生活的情況，一定要格外小心謹慎。

呃呵呵呵

地球人沒辦法無憂無慮的生活

• 訓練營是一種非常奇怪的聚會。不但要平白無故吊在繩索上過河，還要為了找四處都可以發現的紙條，遊蕩整座山，並把臉塞進泥坑裡，不知道我到底訓練到了什麼。如果從出發前地球人的對話內容中觀察，看起來似乎是要訓練「擔心」。地球人擔心相當多的事情。

• 在地球人自己的調查結果中都有說過，對於自己「無謂的過度擔心」感到很後悔。不過即便他們自己都這樣說了，仍還是會擔心東擔心西，為了頂多活個80年不到的人生而擔心。如果讓他們像埃吾蕾人一樣能活好幾千年，他們應該會因為害怕未來而一天到晚擔心個不停。擔心憂慮的情緒會引發不安感和恐懼，所以會讓地球人感到很痛苦。

• 不安感、害怕、恐懼是地球人生存上必需的情緒。擔憂也是一樣，擔憂是一種以不安、害怕和恐懼情緒作為基礎，進而採取對策的認知過程的情緒。雖然地球人的擔憂是生存所需的情緒，卻也太過度擔憂

了。甚至還有地球人因為自己擔憂得太多而感到擔憂。關於地球人的情緒，真是越研究越感到無語。

• 我在學校裡試著觀察了孩子的擔憂，地球小孩果然也擔心著各式各樣的事情。他們擔心的事情可以按照類型做分類，甚至國家統計廳還對此做了調查。地球人真是愛擔憂，好奇的事情也多。

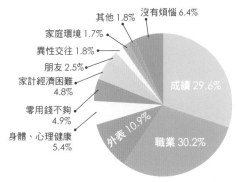

（大韓民國統計廳，2019）*

* 根據兒福聯盟2019年兒童福祉調查報告，臺灣孩子主觀生活滿意度為74.6分，36.1%的孩子不喜歡上學，超過半數覺得課業壓力大，也有將近四成的孩子煩惱社交問題。

笑容是地球人的焦慮良藥

• 有一種治療藥可以使焦慮不安的地球人感到安定，那就是笑容。聽說即便是勉強擠出的笑容，也還是能夠讓人經驗到90％真正笑容所帶來的正向影響。因為地球人的大腦無法區分假笑和真笑。

• 笑容的效果非常驚人。除了可以促進血液循環，對心臟病有益，並能降低血壓和壓力，還可以提升免疫力，增加睡眠品質。笑的時候，大腦會分泌一種叫做腦內啡的天然止痛賀爾蒙。腦內啡可以使人心情變好，並緩解疼痛。即使笑容有那麼多的好處，地球人卻不怎麼常笑。

地球人真正的笑容？

　　地球人感到無力的時候，為了要振作起精神，抑或是為了在社交聚會場合中配合對方，有時會擠出假的笑容。在我看來根本都一模一樣，但桑妮一眼就看出來了。到底差別在哪裡呢？

©getty images bank　　©getty images bank

A　　　　B

有什麼好猶豫不決的？這一看就是 B 啊。

明明害怕又硬要看的恐怖片

●地球人很害怕鬼魂、幽靈、殭屍、陰間使者等這些未經證實的存在。然而，他們又會刻意去找有這些元素的漫畫或是電影來看。特別是天氣熱的時候，他們更是頻繁的尋找這些題材。聽說讓人毛骨悚然的陰森感可以有效消解炎熱。

●地球人感受到的毛骨悚然，是因為大腦的作用。由於可怕的畫面或是聲音的刺激被傳達到大腦中，心臟會快速跳動，且汗水冷卻的時候，會使得體溫下降。因此看恐怖片時感受到的陰森感，並不是因為氛圍使然，而是真實的體驗。

●地球人知道電影裡或是故事中那些可怕的存在，實際上並沒有辦法傷害到他們。遊樂園的雲霄飛車和荒廢房子的恐怖體驗也是一樣。明明心裡知道幾分鐘過去後，這就會結束，害怕的話不要再搭就行了，但在知道的狀態下所經歷到的痛苦，也就是「可控制的痛苦」，反而給予了地球人更大的安定感。

我不害怕，我不害怕。

吵死了……

啊啊，閉著眼睛看也好可怕！

●如果說埃吾蕾決定要奪取地球的話，可以考慮用電影的方式先一步步接近。實際上地球也有許多電影以外星人作為題材。當然埃吾蕾人並沒有出演。

3

埃吾蕾本部的
電擊意外

不管大小事都要參一腳？

一陣潮溼的風吹過，雖然是大白天，天空卻變得黑沉沉的。

「真是微生物和黴菌擴散蔓延的絕佳天氣啊！」

芭芭還沒能適應地球上變化多端的天氣。雖然比起地球，埃吾蕾星球既乾燥又荒涼，卻也穩定且安全。

這都多虧了環繞都市的強力保護膜。

「探查隊的安全最重要。」

芭芭為了阿薩出門去買藥，因為阿薩的安全正受到皮膚病的威脅。

「感覺像是會發生什麼災害的天氣呢！」

撿撿老奶奶正要出門辦事情，在門前遇到芭芭。

「你也要出門啊？你有帶雨傘嗎？」

「沒有。」

「我看你是忘記帶了，這個你拿去吧！」

撿撿老奶奶遞出雨傘給芭芭。埃吾蕾人在沒有正當
理由的情況下，是不會隨便拿取他人的物品的。

「不用了。」

「哎呦，你就拿去吧！反正我要再進去家裡一趟。
我們這個年紀不小心淋到雨的話會感冒的。如果得了感
冒，很快又會變成肺
炎，萬一住進醫院，孩
子們要照顧我們也很辛
苦……」

不論是淋雨還是辛
苦照顧，都不關撿撿老
奶奶的事。但芭
芭還是立刻收下
了雨傘。

看樣子馬上
就要下雨了呢。
我要趕快進去拿
把傘再出門。

滴

唧伊

哦？

小心陌生的目光。

老爺爺！

你是誰？你要幹麻？

握住

您站著很危險的。您坐這裡吧！

這跟你有什麼關係？

唉呀，老爺爺您就坐著吧！幹麻為難好心讓位的人啊……

你為什麼要干涉我的行動呢？

啊？

勃然大怒

您養的是蜥蜴嗎？

不是的。

啊，難道是鬣蜥嗎？

不是。

我知道了！您是養蛇對吧？蛇。

不是的。

你為什麼要一直追問？

尷尬

啊？

嗒
嗒
嗒

　　阿薩從訓練營回來的路上，連雨都不放過他，他被
雨淋得全身都濕透了。

　　一進到埃吾蕾本部，阿薩就馬上把地球人套裝脫
掉。碰到大蒜的皮膚區塊都發青了，還變得凹凸不平。

　　「這麼慘酷的疼痛還真是第一次。」

　　阿薩雖然不信任地球的藥，但因為實在是太痛了，
也沒有其他辦法了。他在傷口上塗上滿滿的藥，讓藥完
全覆蓋傷口處。但強烈的疼痛還是沒有退去。

「地球的藥有效嗎？」

在埃吾蕾行星上，疼痛是很稀有的事。拜卓越的醫療技術所賜，一般的傷或病都能在感受到疼痛之前就被治好。只要不是感染來歷不明的外星病毒，或是自己的求死意願，不然是不會有人因病而死的。

但是這裡是地球。現在埃吾蕾探查隊如果受傷或是生病，也都要經歷到疼痛。搞不好還會死亡……

　　天氣漸漸變得險惡嚴酷。電光交織閃爍！轟轟空隆隆！被稱之為地球保護膜的大氣層還真是嘈雜。從遠處就可以看到霹雷和閃電打下來。

　　羅胡德跳起來衝出去把玄關門打開。猛烈落下的雨滴彈進了屋裡。

　　「閃電是從人和建築物的正上方直接打下來的吧？萬一被閃電擊中怎麼辦？地球人還真的很勇敢。地球人的平均壽命不長的原因，會不會就是因為閃電呀？」

　　嘟嘟嘟嘟嘟嘟。忽然間，一道高頻率的訊號大聲的

響了起來。

「是通訊！埃吾蕾星球發送通訊過來了。」

芭芭一下子站了起來，並跑到二樓去。

「真的嗎？我們趕快去看看吧！」

羅胡德和探查隊員們爭先恐後衝上樓梯。

一閃一閃的，彷彿在慶祝第一次收到埃吾蕾星球的
通訊似的，閃電一道道接連的打了下來。

「閃電打下來的地方離我們太近了吧，危險啊
⋯⋯」

在阿薩把話說完之前，一道閃電就打了下來，擊中了埃吾蕾本部。

一瞬間，屋子裡變得一片漆黑。

「你說通訊設備關機了？那剛才接收到來自埃吾蕾星球的無線電波呢？」黑暗中，羅胡德心急大喊。

「閃電好像是跟著我們的通訊電波進來的。像剛剛那樣如此強大的電擊能量，所有的設備應該都被燒毀了。」

芭芭用專業人士般的口氣沉穩的說。

「嚴重到沒辦法馬上修好嗎？」

「那要現在試看看才知道啦！」

「有事的不是我，而是這間房子吧？剛剛真的被閃
電擊中了，所以才停電的吧？哎呦，天啊！」

撿撿老奶奶又開始沒完沒了。在地球保護膜下生成
的閃電，又沒什麼大不了。歐洛拉泰然自若的說：

「是的，但閃電有什麼了不起的。」

「歐洛拉真是大氣度，閃電這麼可怕，我都嚇壞
了。活到七十歲，可是第一次看到被閃電擊中的房子。」

埃吾蕾人一頭霧水。原本還以為地球人把閃電視為
和雨水一樣，都是很理所當然的自然現象，看樣子並非
如此。不過話說回來，撿撿老奶奶明明就說很害怕閃
電，為什麼還不離開被閃電擊中的埃吾蕾本部呢？

撿撿老奶奶不但不離開，還細細觀察埃吾蕾本部的每一處，並且更徹徹底底的干預別人家的事。

　　「唉呀，冰箱壞了呢！不過冰箱怎麼這樣空蕩蕩的？你們都吃什麼過活啊？我看你們電鍋應該也壞了。你們這樣等一下晚餐是要怎麼吃飯？電視機一定也壞了吧？這叫愛看電視劇的羅胡德該如何是好呀！」

　　「我們自己會想辦法的。」

　　芭芭和歐洛拉想盡辦法要送走撿撿老奶奶。但撿撿老奶奶這個也要管，那個也要管，什麼事情都要參一腳，管閒事管得不亦樂乎。

　　「哎呦，阿薩的爺爺。不用不好意思。反正都是互相嘛，我也是想幫你們忙才這樣的。」

金老闆和威妮院長立刻跑了進來。就連宥妮也緊跟上來湊熱鬧，拍照拍個不停。

　　「我可以上傳到網路上嗎？我朋友說想看被閃電擊中的房子長什麼樣子。不過有沒有著火或是被燒成灰的東西呀？有那些照片的話才能吸引到更多人氣……」

　　宥妮大略環顧了一下沒有什麼太大變化的客廳後，突然走上樓梯。

　　「啊，二樓應該受損得更嚴重吧？我可以上去二樓看一看嗎？」

　　埃吾蕾本部的一樓就是一般地球人們的客廳。但二樓是和埃吾蕾行星聯繫的通訊基地。不能被發現……

埃吾蕾人同時大喊。

被聲音嚇到的地球人也哇的一聲叫了出來。

「哇呀，嚇死我了。」

「二樓是有什麼奇怪的東西嗎？」

那一刻，埃吾蕾人一個個都像被堵住了嘴，說不出話來。二樓究竟有著什麼，他們既不能告訴別人，也不能讓別人看到。

　　隔天早上，埃吾蕾本部的前面擠滿了地球人。不知
道他們到底是怎麼得知消息的，一窩蜂都跑來參觀被閃
電擊中的房子。

　　看熱鬧的人群一邊偷瞄房子裡面，一邊竊竊私語。

　　叮咚！地球人甚至還按電鈴。羅胡德猛然站起身。

　　「地球人的干擾就交給我解決。看我把他們一下子
全部趕走！」

羅胡德為了完成這項新任務，抬頭挺胸的走了出去。但是一看到按電鈴的人，他就心軟了。

「羅胡德叔叔，聽說你們家昨天晚上被閃電擊中了啊？我很擔心，所以就過來看看，你們還好吧？」

提著一大袋衛生紙的便利商店工讀生盧伊，面帶微笑站在門口。

「請收下這個吧。第一次拜訪你們家，空手來的話不太好意思。有什麼需要我幫忙的地方嗎？」

盧伊也是來打擾埃吾蕾人做事的。羅胡德猶豫了一下，最後還是拒絕了地球人的多管閒事。

「不需要。我們的事情，我們自己會解決。」

羅胡德碰的一聲把大門關上後，轉身回到屋子裡。雖然完成了任務，心裡卻感受不到任何滿足感。

地球人為了生存
會互相幫忙

 地球2019年7月15日　 埃吾蕾7485年22月31日／撰寫人：芭芭

地球
事件
概要

* 埃吾蕾的通訊第一次抵達地球。但伴隨地球的閃電一起抵達，導致基地的所有電子產品全都故障了。沒有可以確認來自埃吾蕾行星的通訊內容的方法。

* 修理基地的任務迫在眉睫之際，鄰居撿撿老奶奶的雞婆又開始了。這一次不只撿撿老奶奶，一大堆的地球人都聚攏到了被閃電擊中的埃吾蕾基地來。

* 雖然金老闆一家人說是因為擔心我們所以過來看看，但從地球人們的反應上看來，比起擔心，應該更多的是好奇心。

這把圓點點雨傘……
不知道為什麼還
挺讓人滿意的。

地球人必須互相幫忙才能生存

● 地球人會干涉並插手管別人的事情。即便沒有請求幫忙，他們也像是隨時都在等著似的，會冒出來要幫忙。這讓埃吾蕾人感到非常麻煩。尤其撿撿老奶奶管閒事管得最嚴重。

● 地球人將此解釋為「利他主義精神」。所謂的利他主義精神，指的是比起自身的利益更顧慮他人利益的心。地球人在進化的過程中，透過發揮利他主義精神互相合作，能有利於生存。所以地球人為了不被趕出群體之中，會證明自己是利他的人。

● 利他主義精神在其他人注視的眼光下會發揮得更好。即便是相同情況，當地球人感受到好像有別人在看時，會更積極幫助他人。只要是有眼睛的樣子，儘管是假的，地球人似乎都會感受到有人在盯著自己。如果都沒有眼睛在看的話呢？這就交給大家自己想像了。

好像有人在看，
要再多放一點嗎？

愛心捐款

地球人如果被閃電擊中？

- 地球人一輩子當中，被閃電擊中的機率是 60 萬分之一。遠遠高於中樂透的機率。據說在美國，每年有 500 名地球人被閃電擊中。

- 閃電的含電量約達 10 億伏特，閃電經過的地方溫度可最高達 27000°C。這個溫度，是比地球所屬的太陽系中唯一的恆星「太陽」的表面溫度還要高四倍。光是看到從埃吾蕾帶來的最先進設備因此故障，就可以知道閃電是一種釋放驚人能量的現象。

- 地球人如果被閃電擊中的話，大腦會受到損傷。然而，有一個運氣非常好的地球人，他原本是一名醫生，但在他被閃電擊中後，他記錄下了腦海中浮現的旋律，於是就轉而成為一名古典作曲家。針對這個現象，地球的科學家推測可能是因為閃電重新定位了大腦中的神經元。閃電為他在原本無法接觸的領域開闢了一條新道路。

- 但絕非所有閃電都能創造出天才。這種情況的概率，和在埃吾蕾星球上的非保護地區，即便不撐傘也不會被暴雨般的宇宙物質擊中的概率一樣。（機率非常之低，幾乎不可能）而且即使是最笨的埃吾蕾人也還是比地球人聰明，所以絕對不會為了提升大腦機能而追著閃電跑。

太空船如果被閃電擊中？

　　地球的閃電威力十足。萬一在高空中飛行的飛機或太空船被閃電擊中的話，會發生什麼事呢？實際上，地球的飛機雖然有時候會被閃電擊中，然而電流會通過飛機，所以據說並不會造成太大的問題。太空船也是如此。2019年5月從俄羅斯發射的聯盟號2－1b火箭，雖然在發射的那一刻就被閃電擊中了，卻也沒有發生任何異常，並且順利的完成了任務。幸好地球的飛行裝置上都含有避雷裝置。當然，如果是埃吾蕾的太空船，之後在避雷設計上，絕對也可以比得上地球太空船！

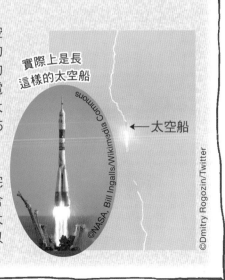

實際上是長這樣的太空船

←太空船

©NASA, Bill Ingalls/Wikimedia Commons

©Dmitry Rogozin/Twitter

有哪裡
不一樣嗎？

＼只有一個地方不一樣！／

下面每一組4張圖片中，有3張是完全
一模一樣的圖片，只有1張是不一樣的！
專注的觀察看看，找出那1張不同的圖片吧！

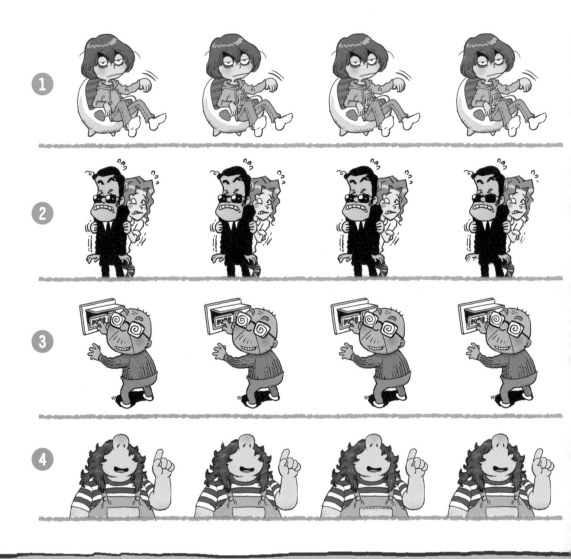

4

撿撿老奶奶的
寶物倉庫

地球人與他人會產生共鳴？

在這個陌生的行星地球上，羅胡德想要比其他探查隊員有更多的表現。但現實的情況是，大家正為了解決故障的通訊問題忙得不可開交，而羅胡德只能默默望著忙碌的探查隊員……

在一旁看著執行任務中的隊員好一段時間之後，羅胡德終於想通了。科學家做科學家該做的事，而探險家當然就做探險家該做的事。

那我要做什麼呢？

羅胡德向歐洛拉提出了自己任務所需要的設備。

「歐洛拉，買電視機給我。我要一邊看電視劇一邊研究地球人。」

「不行。連買零件的錢都不夠了。」

歐洛拉直接拒絕了羅胡德。

「芭芭，幫我修理電視機。」

「不行。要先修理好通訊設備。」

探查隊員都各自專注於自己的任務，羅胡德也想要專注於自己的任務。

「你們以為我是想看電視劇嗎？我是為了要研究地球人。如果只是修理好通訊設備的話要幹嘛？也要有報告書才行呀！」

忙碌的隊員連反駁都懶得說。羅胡德腳步沈重的走出了家門，他要直接與地球人接觸並研究他們。

歐洛拉突然轉過頭警告他。

「小心追蹤者們。」

「你以為只要出門就會遇到追蹤者嗎？」

羅胡德一邊嘟嘟囔囔，一邊走出大門外。

正當他環顧四周想著要去哪裡時，湊巧看見了撿撿老奶奶。那不正是喜歡和羅胡德一起在埃吾蕾本部看電視劇的撿撿老奶奶？如果是那樣，那麼羅胡德應該也可以去撿撿老奶奶家玩，然後一起看電視劇吧？於是羅胡德開心的叫住了撿撿老奶奶。

「老奶奶。」

「哇，看來叔叔是個很乾脆的人。總之，奶奶是因為對叔叔感到很失望，所以故意裝作沒看到您的。我奶奶本來想幫你們的忙，結果你們不是拒絕了她，還把她趕出去嗎？太絕情了。」

羅胡德雖然聽得懂桑妮說的話，卻弄不懂這些話的含意。

總是用高度的理性做出最適當的判斷的埃吾蕾人，如果不是為了維護社區群體特殊任務的話，是不會去支援或是干涉他人的事情。更不會有因為對他人抱有期待，結果期待落空，而對他人感到失望的事情發生。因此，當然也就不會有像這樣用生悶氣來表達失望的舉動。但這裡是地球，羅胡德現在必須表現得像地球人。

　　「那我該怎麼做呢？」

　　羅胡德向地球人桑妮尋求了協助。

　　「您不用擔心。我奶奶雖然很會生悶氣，但也很容易就氣消了。您陪她一起去找一次寶物就行了。」

　　桑妮將手推車推給羅胡德。

　　羅胡德接下了手推車，然後朝撿撿老奶奶追了上去。

「到現在都還沒修理好啊？怎麼了，你們自己說很
會修理的。你們自己說不需要幫忙的。你們那時候不是
說會自己想辦法解決好……唉呀，真慘。連電視機都沒
有，這麼無聊要怎麼生活啊？真是令人擔心呀，嘖嘖嘖
……」

一邊嘖嘖碎念，一邊擔心的撿撿老奶奶臉上露出了
微笑。果然地球人是喜歡擔心的。

「好啦，行了。你先跟我來吧，先找找寶物……」

撿撿老奶奶一邊開心的笑著，一邊走在前面帶路。
撿撿老奶奶的興趣，就是拉著手推車在社區慢慢的散
步，並尋找被丟棄的寶物。

像這樣的東西總會有用上的時候。

乾電池不能這樣隨便亂丟！會造成環境污染的。

找到寶物啦！這個東西還好好的，是誰丟掉的啊……

「這個就是奶奶的寶物嗎？」

「你以為只有這個嗎？我的寶物可多了呢！」

撿撿老奶奶在公園隱密的小角落放了貓咪的飼料和

水碗。

這些孩子還這麼小卻沒有媽媽。實在是太可憐了，所以由我來照顧牠們。

牠和我是一樣的處境。又老又虛弱。看牠像我一樣老去的樣子，不知道為什麼覺得更可憐……

嚇啊！

逃跑

養在家裡的動物是由人類照顧，但外面的動物難道不是自己會想辦法生存嗎？

即便是那樣，也是很可憐。萬一沒有飯吃，餓肚子死掉的話該怎麼辦啊！

奶奶覺得死掉很可憐嗎？但地球的生命都會死亡啊……

我當然知道，有誰會不知道嗎？你這人真是，外表看不出來，內心還真是無情。

只管自己活得好就行，其他什麼都不管，那樣還算是人嗎？

我說錯了什麼……

　　在外面溜達好一陣子後回到家裡的撿撿老奶奶，帶著羅胡德去看了她的寶物倉庫。

　　那裡充滿了各種各樣的物品：電視機、冰箱、電風扇、電腦、書桌、嬰兒車、玩偶、陶瓷器、碗，甚至還有許多來歷不明的機器。但羅胡德的眼裡現在只看得見電視機。

　　超級巨大的電視機。有著滿滿電視劇，看都看不完的電視機。

　　可以讓他好好實行研究地球人任務的電視機！

　　羅胡德眼巴巴望著電視機，像是要望穿了似的。

這個羅胡德拿去
看吧！雖然很老舊了，
但還是可以看的。
金老闆之前都
修理好了。

　　老奶奶說要免費送給我一台電視機？這麼大台又這
麼好的電視機？

　　羅胡德大吃一驚。埃吾蕾人不會在沒有特別的理由
下，給予他人或是從他人手中收取物品。

　　「為什麼要給我電視機？」

　　「你們家遭遇了那樣的事，我感到很遺憾，所以才
給你的。鄰居之間就是要互相幫助，這樣羅胡德你也才
會趕快振作起來啊！」

　　收下電視機就要振作起來？這對撿撿老奶奶有甚麼好處呢？羅胡德雖然理不出頭緒，但他實在是太想要那台電視機了，所以他還是決定收了下來。撿撿老奶奶的這台電視機，還比原本家裡的那台更大台！

　　羅胡德蹦蹦跳跳的跑回本部。

　　「撿撿老奶奶免費送了我一台超大電視機。我們一起去搬吧！」

　　「為什麼？」

　　探查隊員也都很好奇撿撿老奶奶的意圖是什麼。

　　「她是在幫助我們。聽說地球人本來就會幫助被閃電擊中的鄰居。她說我們收下幫助後，只要振作起來就行了。」

　　埃吾蕾人聽完了羅胡德的解釋後，仍然無法理解撿撿老奶奶。

地球人喜歡照顧別人

🌏 地球2019年7月19日　🧠 埃吾蕾7385年22月51日／撰寫人：羅胡德

地球事件概要

* 探險隊全員都投注在損壞重建。雖然維修通訊設備也是必要的，但是對於我，羅胡德來說，電視機的維修更加急迫。

* 我本來想和撿撿老奶奶一起在她家看電視，但撿撿老奶奶因為之前被埃吾蕾人趕出去的事情在生悶氣，所以裝作沒有看到我。透過桑妮的幫忙，我才知道撿撿老奶奶是因為對埃吾蕾人感到失望而生悶氣。

* 撿撿老奶奶會照顧公園裡那些被遺棄的動物，還會撿拾街上被丟棄的物品們回家收集。不過她並不是因為需要那些東西而蒐集的。託撿撿老奶奶的蒐集愛好之福，她也免費給了探查隊一台超大台電視機。

* 得到一台電視機真是太好了。電視機是探索地球人任務時不可或缺的必備品。看電視劇可是相當重要的一項任務。

地球人會對其他人的心情產生共鳴

● 地球人真的很容易受到其他人的影響，情緒感受也是。如果電視劇裡的主角哭了，他們也會跟著哭，如果劇裡人物做了壞事，他們也會一起憤怒。這就是所謂的**共情能力**。

● 地球人的大腦中具有驅使這樣的共情能力的「鏡像神經元（mirror neuron）」。鏡像神經元能夠使地球人僅透過看見他人的行動，就感覺到自己好像也做了相同行為。這個意思似乎是說他們區分不了自己是用看的，還是直接經歷的。然而，聽說地球人能夠像這樣對他人情感產生共鳴，是一種相當優秀的能力。好像是因為要在地球上生存，理解他人是一件非常重要的事。

● 地球人的鏡像神經元甚至還能夠學習。一邊在觀看他人行動的同時，大腦也會一邊學習，並在日後也能做出一樣的行動。地球人能夠自然而然的學習語言，就是多虧了鏡像神經元。

地球生命體的鏡像神經元作用

　　猴子模仿人類伸出舌頭，或是小孩學媽媽張開嘴巴的樣子，都是因為鏡像神經元作用的幫忙。

伸出

吐舌

啊～

©Gross L/ Wikimedia Commons

©getty images bank

地球人照顧動物的原因

- 多數的地球人，不論是在家中還是在外面，都會餵食小動物，並幫牠們清理大小便；還會為了讓小動物開心，不顧自己的身體陪牠們玩耍。像撿撿老奶奶那樣照顧街上小動物的地球人也相當的多。

- 根據 2018 年的統計，在韓國有大約佔了全體家庭 25％，也就是約 511 萬戶的家庭飼養寵物。在美國，飼養寵物的家庭約是 68％。無論哪個國家，養狗的家庭都是最多的，因此可以推測狗是地球人最喜歡的動物。（根據統計，臺灣 2019 年飼養貓犬數約為 273 萬。）

- 看看這些飼養寵物的地球人，會發現他們似乎不總是喜悅的。為了買飼料，他們沒日沒夜的工作賺錢；在清理糞便時，偶爾也會緊皺眉頭，甚至當寵物激動暴走時，他們也安撫不了。儘管如此，地球人還是自願當寵物的「鏟屎官」，作為寵物的管家一起生活。

和我一起走啊！

- 地球人和寵物相處時，會分泌一種叫做「催產激素」的賀爾蒙，據說催產激素能夠消解壓力。這種賀爾蒙會透過望著寵物並撫摸寵物而被分泌。很明顯就是因為這樣，鄰居家的宥妮和桑妮才會時不時就跑來要找芭芭狗（如果不想引起地球小孩的關注，千萬不要變身成一隻狗。）

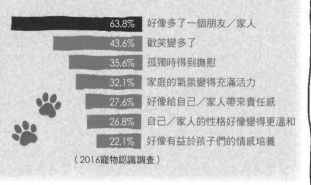

地球人和寵物一起生活的原因

　　如果問地球人為什麼要養寵物，得到的理由竟然如此之多。特別是大多數的地球人都會說，他們把寵物當成家人和朋友。這已經是該把寵物列入家庭成員之中的程度。

63.8%	好像多了一個朋友／家人
43.6%	歡笑變多了
35.6%	孤獨時得到撫慰
32.1%	家庭的氣氛變得充滿活力
27.6%	好像給自己／家人帶來責任感
26.8%	自己／家人的性格好像變得更溫和
22.1%	好像有益於孩子們的情感培養

（2016寵物認識調查）

探查隊的後續觀察　地球人很喜歡禮物

- 地球人會花心思在各種各樣看起來非必要的事情上。像是養寵物就與生存無關，而是為了情緒上的安定。地球人的獨特文化中，其中有一項是禮物。撿撿老奶奶給探查隊的電視機，就是一種禮物。

- 禮物是一種傳達心意的手段。每次撿撿老奶奶來拜訪時帶來的那些地球食物也都是禮物。一般來說，會在特別的紀念日相互送禮物。在地球上，送禮物是展現自己好意給對方看的重要手段。

- 不過，必須要慎重挑選禮物清單。雖然「炸雞」對地球人來說是很棒的禮物，埃吾蕾人看到那個食物卻一點也不開心。地球人間也有不樂意收到的禮物，所以萬一要送禮物給地球人，一定要慎重挑選。

- 地球的貓咪會抓來老鼠或是昆蟲，作為禮物送給感恩的對象。牠們會將自己抓到的小小生命體，放到床頭枕邊或是門前。地球人看到這樣的情況時，雖然會稍微繃起臉一下子，但馬上又會稱讚貓咪。然而，假設今天是地球人送給地球人像這樣的生命體當作禮物的話呢？地球人會把它視為是一種威脅。看樣子除了送什麼禮物很重要以外，禮物是誰送的也很重要。

桑妮，送妳一個禮物。

咿呀啊！

5

美髮院的
完美客人

生氣的地球人非常危險？

　　這個社區沒有接收外星無線電波的巨大天線，也沒有用來征服地球而必須占領的主要設施。雖然黑西裝人和潤博打著燈籠四處尋找，卻沒有發現任何和外星人扯得上關係的特別之處。

　　哪怕只是微小的訊息都好，黑西裝人為了獲取情報，走進了便利商店。他一邊假裝挑選著巧克力，一邊詢問了便利商店的工讀生盧伊。

　　「雷電交加的那天，有什麼奇怪的事情發生嗎？」

　　「啊，那天呀！沒錯，真的很奇怪。我都懷疑是不是有外星人攻打進來了。」

　　黑西裝人和潤博豎起了耳朵。盧伊越說越起勁。

　　「我在便利商店工作兩年了，像那天一樣發生的事
情，我還是第一次遇到。我一開始覺得這樣也不錯，但
後來又想到會不會有外星人把地球毀滅後，只剩我一個
人幸運存活下來。但這樣算是幸運還是算不幸呢？」

　　盧伊的那套外星人說法太過荒唐無稽，導致追蹤者
一下子就失去了興趣。

　　「如果想獲取情報的話，不應該來便利商店，而是
要去美髮院才對。自古以來，土生土長的美髮師經營的
悠久美髮院，就是社區八卦的中心！」

　　潤博推開了招牌褪了色的美髮院店門。

　　「歡迎光臨。」

　　冷冰冰的招呼聲冒了出來。

威妮院長一邊用著客人的頭髮，一邊回想著。

「啊，您是三個星期前來的吧？沒問題，我幫您用一樣的造型。我的記性可是非常好的呢！」

威妮院長自信滿滿的拿起了剪刀。事實上，短髮的客人隔了三個星期再光臨，也沒什麼好不記得的。反正只要把三個星期以來長長的頭髮稍微再修整就行了。

喀嚓喀嚓，威妮院長輕快的揮舞剪刀，剪掉了鄭博士的頭髮。

因為還有兩位客人在等候，威妮院長的手動得更快了，喀嚓喀嚓。

「怎麼樣？和上次一模一樣吧？」

鄭博士呆呆的盯著鏡子看。

「不。不一樣。」

歐洛拉搖了搖頭。

23天前剪完頭髮

今天剪完頭髮

「瀏海比起上一次短了 0.3 公分。頭髮的分線應該
要再往左邊 3 度，後面的頭髮要再短 0.2 公分，側邊的
頭髮應該要再多剪掉 0.3 公分才對。」

但歐洛拉並沒有說出自己的想法。因為他沒有必要
去干預威妮院長的工作。

「嗯，這個髮型和 23 天前很不同呢！」

過了好一段時間，鄭博士開口說道。

「不同嗎？有到很不同嗎？」

威妮院長驚訝的問。

「哪裡，哪裡不一樣？根本就一模一樣。」

「這一次旁邊的頭髮比三個星期前更短了 0.2 公分，分線還是偏了右邊 1 度。」

威妮院長終於情緒爆發，對自以為是且東挑剔西挑剔的鄭博士說：

「那一點差異到底誰看得出來，根本沒人看得出來好嗎？」

「我看得出來。不過因為威妮院長您很辛苦，不然就先這樣吧。」

鄭博士一踏出美髮院，威妮院長就氣得大口呼氣。

「我做了 25 年的髮型設計師，第一次遇到那麼龜毛的客人。還說什麼威妮院長您很辛苦，就先這樣？啊！太傷自尊心了。」

遲遲無法消氣的威妮院長，還用拳頭捶了架子，發出哐的一聲。

那一瞬間⋯⋯

威妮院長感到又痛又憤怒，氣急敗壞的她直跳腳，然後離開了美髮院。

歐洛拉無法理解威妮院長的行為。因為克制不了憤怒而做出輕率的舉動，還因此弄傷自己，最後竟然還把自己的失誤怪罪給別人。這是在埃吾蕾人身上不可能會有的事，因為他們總是用高度的理性做出合理的判斷。

　　但聽了在一旁屏住呼吸等待的客人們的對話內容後，這似乎是地球人身上常有的事。

　　「哇，看樣子院長是易怒性格呢！我也會那樣，明知道生氣沒好處，但理智在憤怒的瞬間就失去功能了。」

　　「沒錯。如果簡簡單單就能控制自己的情緒，那還是人類嗎？是機器人吧？」

　　如果是那樣的話，地球人就是相當危險的存在。因為無法預測他們會在什麼時候做出什麼樣的事情。

「那個，幾天前打雷的那一天，這個社區有發生什麼奇怪的事情嗎？電視機被什麼奇怪的無線電波影響啦，或是看見哪裡有在閃著什麼罕見的光芒之類的……」

黑西裝人中的其中一個獨自留在美髮院裡，突然向歐洛拉問了奇怪的問題。這兩個人真的是外星人追蹤者嗎？他們是在問關於那一天從埃吾蕾行星發送來通訊的事情嗎？

而歐洛拉依然面不改色，泰然自若的回答：

「是的。那天的天氣很奇怪，不過那天沒有其他的事情發生。現在請您離開吧，您剛剛也看見了，我們美髮設計師的手受傷了，所以今天沒辦法幫您用頭髮。」

從美髮院走出來後，什麼情報都沒有得到的潤博不由得嘆了一口氣。如果連一點點線索都沒有找到的話，老大的反應可是會比威妮院長還要更粗暴瘋狂的。

　　潤博想起了不久前見到的那個可疑男人。

　　「話說剛剛在美髮院的那個客人，你不覺得他的記憶力很驚人嗎？跟普通人類很不同。」

　　「對啊，那個人的確是蠻奇怪的。便利商店的盧伊之前深信那個男人就是外星人。該不會⋯⋯」

　　潤博向著歪著頭的黑西裝人提出了疑問：

　　「你能保證他真的不是外星人嗎？你確定他不是帶著合理又理性的文明，從外太空來到地球的外星人？」

　　黑西裝人當然沒有辦法保證。

地球人很常生氣

🌏 地球2019年7月23日　📡 埃吾蕾7385年22月71日／撰寫人：歐洛拉

地球事件概要

* 被便利商店的盧伊認為是外星人的鄭博士，記憶力非常好。他精準的記得自己23天前頭髮修剪的長度和風格。每當遇到像這樣事事分明的地球人時，就好像來到埃吾蕾星球一樣舒服踏實。

* 與鄭博士相反，威妮院長再次展示了地球人是多麼的非理性。她似乎不相信其他地球人準確的記憶力，而是相信自己不可靠的記憶。最後還責怪別人，結果弄傷了手。導致今天觀察地球人的任務早早就結束了。

* 穿著黑色西裝的地球人今天甚至找上了美髮院，還問我在接收到埃吾蕾無線電波的那一天做了些什麼事。他們似乎也對被閃電擊中的房子很感興趣。凡是對埃吾蕾探查隊感興趣的地球人，都是危險的。

地球人推薦的平息火氣的方法

● 地球人常常為了要解決問題而生氣。結果反而又因為生氣，導致問題變得更大。因此，地球的心理學專家提出了幾種生氣時的行動守則。還真是花招百出。明明只要以理性思考，不要生氣的話就沒事了。

● 生氣的時候，照著下面的方法一起做看看。

　★ 首先離開位子。（看來是要遠離當下狀況，讓自己忘記是為什麼而生氣。）

　★ 短的話30秒，長的話約3分鐘左右，不要去想讓自己生氣的狀況。（按照地球人的記性，這段時間過了之後，足以讓他們忘得一乾二淨。）

　★ 如果在生氣的當下做了決定，等自己回到平穩的狀態後，再重新回想思考一下（同個問題要做兩次決定。活得真累。）

呼，離開位子吧！

過一下下後再思考一次吧……

©getty images bank

地球人生氣的理由

- 當事情的發展不如預期時，地球人會生氣。並且無法理性克制自己的行為。生氣那瞬間，腎上腺會分泌一種叫做**去甲基腎上腺素**的賀爾蒙，會使心臟加速跳動，並將更多血液傳送到肌肉，使人做好戰鬥的準備。

- 此時，憤怒的情緒會使流向大腦的血液量減少，讓人無法好好思考。所以當地球人生氣時，會變得更具有攻擊性。比起理性的判斷，憤怒情緒掌控了整個大腦，並會將情緒率先表露出來。

- 尤其在受到壓力的情況下，一旦他們認定別人的行為是錯誤的，就會爆發出憤怒的情緒。假使對威妮院長來說，自己的記憶力出錯是一種感受壓力的情況，那鄭博士完美的記憶力就成了使威妮院長憤怒的刺激。要讓地球人的理性癱瘓，並沒有想像中困難。只要一直說他們不懂事，或取笑他們，抑或是讓他們沒辦法做他們想做的事情就行了。

- 在憤怒的情況下大聲喊叫，或是揮舞拳頭，都是地球人表現情緒的方式。抒發完憤怒之後，大腦中的腦下垂體會分泌**腦內啡**，腦內啡是一種**用來調節疼痛的賀爾蒙**，可以讓人暫時忘記痛苦的情緒。威妮院長打桌子就是種憤怒的抒發，藉由這樣的方式，會短暫的因腦內啡分泌，而感覺到痛苦感被減低。但這種方式是無法持續多久，真是愚蠢至極。好一陣子受傷的手都要包著繃帶過日子，果然受苦的也還是自己。

有的地球人在開車時特別愛生氣。對地球人來說，開車是一種相當複雜的勞動，除了要留意前後左右方，並調整方向盤讓車子好好的開在車道內，還要一邊和前方的車輛保持安全距離，一邊快速的在道路上奔馳。然而，如果前面的車子突然間停了下來，或是旁邊的車子突然插了進來，這時候地球人們的大腦就會亂成一團。

體內血流量增加

呃啊啊啊！你給我好好開車啊！

分泌去甲基腎上腺素

大腦中血流量減少

©getty images bank

地球人其實不太能辨識出變化

- 我思考了擁有 20 年經歷的威妮院長記不得鄭博士 3 星期前髮型的原因。地球人的記憶力不可靠，這是事實。然而人具備的視覺力也有限。

- 地球人有能力區分出可用肉眼辨識的細小差異。然而，他們能夠區分的差異僅有一小部分。那些必須透過數值化才能夠表現的細微差異，他們就無法區分。舉例來說，他們無法透過肉眼區分 0.2 和 0.3 公分。

- 尤其是在專注於某種狀況時，就算其他的事情在發生，也未必能夠察覺到。美國的一間大學裡進行了一項實驗。他們播放了一個影片，影片中有六個地球人拿著兩顆球互相傳球，並要求觀看影片的人計算影片中穿白色衣服的人一共來回傳了幾次球，而過程中有個扮成大猩猩的地球人從中間經過。那些觀看影片的地球人非常專注在數球，他們完全沒看見大猩猩。明明就是在他們眼前發生的事情！

- 事實上，地球人只看得到他們關注的東西。萬一今天被他們發現是埃吾蕾人，那麼建議要儘快找出地球人想看到的東西。只要能夠轉移地球人的注意力，就算我們維持真實樣貌，他們很可能完全不會發現。（不過這點還未經過證實，先不要貿然嘗試。）

不注意盲視（Inattentional Blindness）

地球人自己也無法理解他們自身的行為。所以又做了研究。
地球人提出了「因為沒有注意，所以沒看到」這樣的解釋。
由於太過於專注在一個地方，導致看不見其他的東西。如果真如他們所說，
地球人全神貫注的看著傳球，他們數的傳球次數是否真的全都答對了呢？

6

宥妮的
衝動購物

地球人會為自己撒謊而痛苦？

宥妮每天在準備要去上學的時候都很痛苦。她痛苦的理由正是因為衣服。怎麼會每天都找不到一件能穿去上學的衣服呢？

　　威妮院長無言以對。攤在床上的那一大堆東西，那不是衣服是什麼！

　　「連帽外套，最近很流行的那種。大家都在穿，就只有我沒有。」

　　連帽外套？威妮院長的內心突然湧起一股怒火。

　　呼呼，威妮院長又長又緩慢的呼著氣。身為正在經歷叛逆期的女兒的母親，要多忍耐才行。如果每天生活都直接展露情緒的話，一天到晚都會是戰爭……

威妮院長一邊捏起攤在床上的衣服，一邊冷靜的勸說：

　　「宥妮啊，妳不是已經有去年買的這件黑色連帽外套了嗎？妳不要外套的話，這裡還有這件黑色連帽Ｔ恤。上個月妳和朋友去購物商城逛街，結果衝動買下的深灰色帽Ｔ也有，妳如果不想穿得黑麻麻的，看妳要不要穿這件白色的？這邊全部都是妳買的衣服，而且全部都是連帽的樣式。」

　　「這些衣服都已經太落伍了啦！」宥妮大喊。

　　那一瞬間，威妮院長的忍耐心徹底沒了。威妮院長也勃然大吼：

　　「妳就隨便選一件穿。反正妳穿在校服裡是能給誰看？有閒在那邊吵，還不拿這些時間去念書！」

　　那一天，宥妮成了全世界最不幸的中學生。至少宥妮心裡是這麼認為的。

垂頭喪氣

妳買衣服啦？這件是正版的嗎？

那當然。最近誰還會穿仿冒品啊？那樣可是違法的。

好好喔，聽說價格超貴的。

宥妮，妳不是說妳也有很多件衣服嗎？

嗯……

真的嗎？沒看到妳穿呀？

那個……因為我媽媽不讓我穿很貴的衣服來學校。

宥妮後悔的用拳頭敲著自己的腦袋。但是已經來不及了。明天前必須要想辦法生出名牌衣服和鞋子。

　　但到底要怎麼生出來？

　　宥妮在網路上努力搜尋著自己零用錢買得起的二手貨。但可想而知，宥妮的零用錢根本買不起。

　　「怎麼辦？如果說出實話一定會被排擠的。還是乾脆離家出走？不然就⋯⋯啊！不應該是這樣子的啊！」

　　宥妮急得跺腳，並跑到了媽媽的美髮院去。如果說自己痛苦到想死了，媽媽會因此可憐自己而買衣服嗎？

　　但是宥妮從美髮院外觀察到媽媽的臉色不太對勁。威妮院長緊皺著眉頭，連續嘆了好幾口氣。

歐洛拉，
我們要不要去
逛街血拼啊？
我一定要買點
東西才行。

逛街血拼和心情
有什麼關聯嗎？
只因為心情差就
亂買東西的話，
之後會後悔的。

歐洛拉每次說話
都好直接。
那不然我們去買
辣炒年糕來吃吧？
吃點辣的食物來
紓解心情？

您心情鬱悶的
理由是什麼呢？
辣的食物可以解決
那個問題嗎？

　　辣的食物會對心情造成什麼影響嗎？地球人的情緒對歐洛拉來說完全就是猜謎遊戲。牽扯了一堆完全不相關的事物，一下這樣一下那樣，沒有一點連貫性。

　　對於歐洛拉有邏輯條理的指出問題，威妮院長搖了搖手。

　　「唉唷，歐洛拉說話太一針見血了。妳根本是地球人教科書，但我一看到教科書就煩躁！」

　　站在窗外觀察著媽媽的宥妮感到絕望。

　　「要拿零用錢是不可能的了。」

　　宥妮真想要乾脆直接鑽進地底深處。

「啊啊啊！」

　　腳步沈重的宥妮在走回家的路上大叫了一聲。不宣洩一下內心的怒火的話，煩悶的心好像就要炸掉了。宥妮用力踹開了擺放在便利商店前的椅子。

　　哐！

　　椅子無力的倒下。宥妮因此失去了平衡而摔了一跤，手上拿著的珍貴的手機也啪一聲摔落在地上！

　　宥妮火速撿起手機。原本光滑的液晶螢幕已經裂開。

　　「不行、不可以，不能這樣！」

呃啊啊！
沒有一件事情
順利的。

宥妮是又怎麼了，
幹麻那樣？最近的
小孩還真是難以理解。
我以前國中的時候
也有那樣嗎？

　　宥妮兩隻手緊緊的抓著手機，淒慘的喊著。宥妮的元氣徹底耗竭。好像當場就病倒了似的。她也真希望可以就這樣病倒。要不要乾脆說自己生病了，然後明天就不要去看電影了？

雖然朋友應該會大鬧一番，但沒有別的辦法⋯⋯

「圖圖，不是跟你說過，沒繫狗繩不能這樣亂跑。」

變身成圖圖的芭芭在撿撿老奶奶的家門前來回踱步，結果被宥妮逮個正著。圖圖馬上坐下，然後伸出了前腳。在地球上變身成狗的好處就是，只要撒個嬌，做個可愛的舉動，就不會受到懷疑。圖圖還吐了吐舌頭。

「哎呀，好可愛！好羨慕你是一隻狗啊！就算你全身就只有狗毛也還是很可愛。」

宥妮激動的摸了摸圖圖，然後走進大門。

「我現在很忙，所以你先進來我們家吧！等一下我再幫你聯絡芭芭老爺爺。」

順利進到撿撿老奶奶家，正是芭芭期盼的事。

找到了！

不能連你都
變成這樣。
我沒有錢了。

這是……
什麼？

啊，
是錢。

眼睛

睜大

左看

右看

宥妮跑出去之後，芭芭偷偷的關上了大門。現在就只剩芭芭獨自待在撿撿老奶奶的家了。

　　芭芭感到安心不少，便跑到撿撿老奶奶的寶物倉庫去。那些堆放得滿滿的，如同古董一般的寶物們，正開心的迎接著芭芭。

　　「上次看到的索鹿寶尼昂通訊設備是放在哪裡？」

　　芭芭打開了掛在項圈上的外星放射線探測裝置。

　　只要用這個機器掃描一次，就能探測出從外星物件上散發出的微量放射線。

　　「在那裡。」

　　芭芭一下子就找到了索鹿寶尼昂的機器。現在只要把機器帶出去就行了。不對，為了不惹人懷疑，要像地球的狗一樣咬著出去才行。

　　哇，芭芭張開嘴咬著通訊機器，結果沒咬好滑掉了。圓滾滾又滑溜溜的通訊機器對於芭芭來說太大了，根本咬不住。

　　「呃，當一隻地球的狗也有很多不方便的地方。」

「只好這樣了。」

芭芭忽然站了起來。他用前腳拿著通訊機器，然後像人一樣用後腳快步走了出去。因為芭芭根本就不是地球的狗，而是穿著狗套裝的外星人。

地球人的裝有、裝懂、裝擅長

🌏 地球2019年7月26日 ☄ 埃吾蕾7385年23月13日／撰寫人：芭芭

**地球
事件
概要**

* 宥妮在朋友面前撒了謊。說了一個謊之後，又必須再用其他謊來圓謊。明明記憶力也不好，這樣子說謊說下去，總有一天一定會露出馬腳的。

* 宥妮謊言的核心是沒有還要裝作有。她似乎不知道沒有的東西硬要生出來是多麼困難的一件事情。（自從遺失哈拉哈拉後，每當埃吾蕾探查隊遭遇問題時，都花費好大的力氣才解決。擁有把原本沒有的東西製作出來的能力真的非常重要。）

* 多虧宥妮把房子空了出來，讓我能夠進入撿撿老奶奶的地下倉庫進行調查。撿撿老奶奶不論任何東西都蒐集起來放到倉庫裡，也託她的福，才取得了索鹿寶尼昂的通訊機器，不過不知道她蒐集那麼多的物品，到底是什麼時候要拿來用。看來她不知道自己需要的東西是什麼。

終於
拿到了！

地球人都不坦率

● 和地球人對話時，必須要明白他們的意思未必和他們說出來的語句是一樣的。因為隨著狀況的不同，即便是相同的話語，卻可能是截然不同的含意。舉例來說，像是「喔，真了不起啊！」這樣的話，雖然是對於很厲害的事情表達正向的誇獎，但當你犯了很不可思議的錯誤，或製造出問題麻煩時，也會用到這樣的話。完全是兩個極端的意思。

● 地球人這種時候會說「要領會字裡行間的含意」。擺在眼前的事物都不一定能完全看清的地球人，竟然還要他們把字裡行間的意義領會出來。（那難怪他們老是會失誤出錯）

● 這種不坦率的表達也有很受到歡迎的時候。地球人稱之為善意的謊言，或是白色的謊言（white lie）。（我都不知道謊言還有分顏色。）為了顧慮到其他人的感受而說的謊話，好比對穿了不適合自己衣服的朋友說「很適合呢，很好看。」就是一種善意的白色謊言。

地球人說謊的原因

- 地球人會用各式各樣的方法說謊。他們會在爽約時，還有想要掩藏自己錯誤時，或是為了要將自己包裝成更好的樣貌，以及為了不要讓對方心情不好等理由而說謊。還可以依個人情況再往後追加更多說謊的理由。明明就沒有卻要裝有，或是明明就不懂還要裝懂，這些都是地球人稀鬆平常不過的謊話。也就是大家常說的「虛張聲勢」。

- 青春叛逆期的宥妮說的謊話，是一種為了要融入同儕團體的特有內心狀態。為了在朋友團體中受到認可，不被排擠，而努力包裝自己。如果是地球男人的話，據說則會在女性面前裝作更有錢，裝作力氣很大，以及裝有能力。明明隨著時間過去，這些「裝出來」的東西最後都會被揭穿，真搞不懂為什麼還要這樣做。

- 謊話也有非常危險的時候。尤其是在犯罪案件中，揭穿謊言對於案件的解決非常重要。所以地球人為了要判斷其他人說的是謊話還是實話，便開發了謊言探測器。當人在說謊的時候，心理上會呈現不安的狀態，因此謊言探測器會測定在呼吸、血壓、脈搏與皮膚導電反應等變化。雖然機器未必能達到百分之百完美應驗，但仍被廣泛使用。不知道對埃吾蕾人也行得通嗎？

透過大腦研究，弄清地球人的謊言

地球人的謊言探測器中，現在備受矚目的就是利用功能性磁共振成像（fMRI）的大腦血流觀察方法。它會將人說謊和說實話的時候，大腦分別呈現的反應進行比較。舉例來說，人在回想真實記憶的時候，主要運作的部位是在記憶中作為重要角色的海馬迴而在編造虛假情境的時候，一部分的額葉和一部分的頂葉會運作，並且視情況而定，據說腹外側前額葉皮質也會被活化。當呈現謊言反應時，會抑制真實反應，並發揮管理衝突的功能。

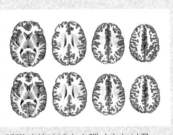

©www.TruthfulBrain.com

說謊時的地球人大腦（上）以及說實話時的地球人大腦（下）
地球人在說謊時，大腦的血流會發生變化。
事實顯示，人在說謊時，腦中有更多的部位會活躍運作。

地球人也會欺騙情緒

- 地球人的基本情緒可以大致分為憤怒、快樂、驚訝、厭惡、悲傷和恐懼。在這之中，快樂是最正向的情緒。地球人總是想讓自己變得快樂。所以他們不停的研究在不開心時該做什麼才能讓自己快樂起來。

- 地球人找出讓自己變快樂的方法就是笑。甚至有研究結果顯示，在刻意擺出笑容的情況下，人們能夠更快速擺脫痛苦的情緒。據說在一項實驗中，讓地球人隨著咬筷子方式的不同，擺出面無表情、一般的微笑，以及開懷大笑的樣子，然後將手放入冰水裡 1 分鐘。（非常考驗地球人對痛苦的忍耐度。）參與實驗的地球人中，帶著燦爛笑容的參與者在實驗結束後，從壓力中恢復的速度比面無表情的參與者更快。

找看看地球人細微不同的表情

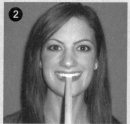

©Tara L.Kraft and Sarah D. Pressman, 2012/SAGE Publications

你能看出每個表情之間的區別嗎？在這些地球人中，3 號表情是笑得最開心的。參與這個實驗的地球人中，從 1 號表情越往 3 號表情，參與者從壓力情況中恢復的速度越快。

- 地球人常說的「笑會讓人變得快樂」，在地球人之間被證實是正確的。聽說即便是刻意擺出來的表情，竟然也能夠調節人的情緒，看來地球人的情緒看似複雜卻又沒有那麼複雜。然而，儘管只透過笑就能夠讓人變得快樂，卻還有課程是專門讓人練習大笑的。這樣看來，控制地球人的情緒似乎是很難的一件事。

7

一個重大
的決定

地球人的情緒陰晴不定？

　　芭芭在通訊室裡一動也不動。從撿撿老奶奶家帶回
來的索鹿寶尼昂人的通訊機器果然是故障的。但是在那
光滑的機器內，有著超空間移動通訊設備必需的特殊礦
物質：Otium 。一切都在芭芭的預想之中。

　　芭芭從索鹿寶尼昂的通訊機器上摘下了 Otium ，
然後把它接上了埃吾蕾人的通訊設備。

　　「地球探查隊通訊修復完成。祕行要員芭芭。」

　　芭芭首先發送了測試通訊到埃吾蕾行星。

　　芭芭面不改色的撒了謊。不，應該說他不得不說
謊。因為芭芭有一個祕密，一直瞞著其他探查隊員們。

　　芭芭其實是埃吾蕾的祕行要員。

　　數百年間他一直都在埃吾蕾行星上尋找能夠移居的
星球。但是要發現完全符合的行星並不是一件容易的
事，目前並沒有完全適合埃吾蕾人生活的空行星。有一
些條件符合的行星，上面也早已經居住著兇狠的外星
人。埃吾蕾人絕對不能和那些生命體共存……

與此同時，埃吾蕾的時間也正在逐漸減少中。最終，行星的領導機關放棄了「不去傷害那些不會造成埃吾蕾人危害的其他行星生命體」這項行星遷移原則。他們決定為了埃吾蕾人，就算是要除掉原先就居住著的生命體，也要把行星搶奪過來。由於這違背了埃吾蕾人的道德倫理原則，所以是領導機關之間祕密決定的事情。

　　在那個決定之後，第一次被派遣到地球的探查隊，當中就包含了祕行要員。為了埃吾蕾人，要消除所有障礙物的祕行要員。以及在發現埃吾蕾人可以移居的空行星後，能夠提交報告的祕行要員。那個人正是芭芭。

叔叔，這個請您幫我保管一下。

我應該是暫時發瘋了。

嗯？什麼東西？

沒什麼，就是衣服和一些東西。請您先幫我保管，千萬不可以打開來看喔！

嗚

對了，這件事要對我媽媽保密喔！

LUXURY

叫我不要看，反而讓人更想看呢！這裡面會是什麼東西？

地球人為什麼認為別人會對自己的東西感到好奇呢？

就、就是說啊……

叮咚！過沒多久，埃吾蕾人本部的門鈴又響起。

「一定是是宥妮。她來拿這個了。」

羅胡德馬上站起來，拿起購物袋走出去，然後又拿著走回來。桑妮跟在後面走了進來，一邊好奇的問：

「叔叔，那是什麼東西呀？」

「宥妮的東西。」

「我姊姊的東西嗎？」

羅胡德一把購物袋放下來，桑妮就撲了上去。

「哇！這些是什麼啊？她又瞞著媽媽偷買東西，然後藏在這裡嗎？她之前也曾經因為藏在朋友家，結果被發現了，媽媽就狠狠的教訓了她一頓！」

桑妮拆開了宥妮的物品，好像東西是自己的一樣。

「不可以，宥妮說不可以打開來看。」

雖然羅胡德阻止了桑妮，但桑妮完全不理會。或者應該說，桑妮的耳朵實際上根本沒有聽進那些話。因為她的注意力完全陷進了姊姊買的那些東西裡。

144

　　宥妮看到眼前的情況，驚訝的大叫了一聲。

　　宥妮本來打算明天一大早把購買的物品拿回去退貨
的。但現在因為桑妮而全毀了。

　　「都是因為妳啦！現在要怎麼辦？妳要負責。」

　　「為什麼是因為我？是姊姊自己偷偷瞞著媽媽買衣
服的，犯錯的是姊姊吧？」

　　宥妮和桑妮開始大聲的爭吵起來。雖然羅胡德試著
要阻止，但沒有任何作用。

　　「叔叔也要負責。我不是請叔叔好好保管嗎？」

　　「對啊，您怎麼可以把姊姊的東西給我呢？」

　　宥妮和桑妮反過來怪罪到羅胡德身上。

　　埃吾蕾人嚇了一大跳。地球人為什麼會這樣？這個
問題怎麼會是羅胡德的錯啊！

地球人為什麼會隨便做了選擇，然後又馬上後悔呢？

因為他們沒有經過理性思考判斷，而是情緒性的做選擇。

就是因為那些情緒，所以地球人很危險。

　　叮咚！這次是威妮院長，她收到桑妮的告狀訊息，火冒三丈的找上門來。威妮院長一進來就大發雷霆。

　　「啊！這是什麼？妳把媽媽的錢都拿去買了這些東西嗎？宥妮，妳到底在想什麼啊？桑妮，妳呢？妳明知道是宥妮偷買的，還拿來穿？而且還把好好的一件新衣服搞成這樣？」

　　埃吾蕾探查隊避開地球人的騷亂，安靜的走到了院子去。明明只要再多思考一下，就可以做出正確的選擇，為什麼總是要在做了錯誤的選擇之後，再來後悔和爭吵呢？實在是無法理解。

　　埃吾蕾人一邊吹著涼涼的晚風，一邊望著看不見任何星星的夜空。理性的埃吾蕾人真的能夠和地球人一起生活嗎？那一天，探查隊格外思念埃吾蕾行星。

當阿薩、歐洛拉還有羅胡德沈浸在對埃吾蕾行星的思念中時，芭芭獨自悄悄跑上去通訊房。

「現在我決定了。」

芭芭將之前因為通訊故障而無法傳送的報告書，連同祕密報告書一起發送到埃吾蕾行星。

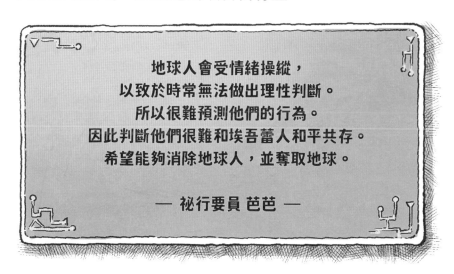

地球人會受情緒操縱，
以致於時常無法做出理性判斷。
所以很難預測他們的行為。
因此判斷他們很難和埃吾蕾人和平共存。
希望能夠消除地球人，並奪取地球。

― 祕行要員 芭芭 ―

那天，埃吾蕾最高會議的景象非比尋常。向來有著高度理性的埃吾蕾人，其中最犀利且理性的領導人，也脹紅著臉大聲的爭執。爭執後仍然還是得不出結論。最後，行星的最高層領導人開口了。

「埃吾蕾人會根據充分的資料來做出準確的結論。但現在對於地球人的資訊還不夠充分。等我們接收了更多報告書後，再做決定吧！」

地球人的後悔報告書

🌏 地球2019年7月27日　🎈 埃吾蕾7385年23月18日／撰寫人：芭芭

地球事件概要

* 地球人有時候會將自己的東西託付給別人。被託付的人會很好奇那個人的東西是什麼。今天羅胡德對地球人宥妮託付給他的東西感到很好奇。羅胡德真的被地球人同化了許多。

* 然而，宥妮的新衣服被損壞了，而且宥妮還把這所有的狀況都怪到羅胡德的身上，說都是羅胡德的錯。到底是為什麼呢？隨隨便便就亂穿宥妮衣服，還把可樂沾到衣服上的明明就是桑妮呀？地球人在生氣的時候，比起弄清楚事件問題的因果關係，他們更在乎如何爆發宣洩情緒。

* 更大的問題點是宥妮和桑妮的媽媽，威妮院長。她當時明明非常生氣的走進來，最後卻又說這所有的情況都是她自己的錯。犯錯的竟然不是偷了威妮院長錢的宥妮，也不是偷穿宥妮衣服的桑妮！地球人的情緒真是捉摸不定。

在選擇的岔路上，不理性的地球人總是在後悔

● 在地球上有非常多要做的選擇。從早上起床開始，到晚上進入夢鄉為止，一天當中的三餐和各種零食點心，還有每天要換穿的衣服，這些都是每天要面臨的最基本的選擇。地球人似乎在做這些選擇上，就消耗了大部分的能量。然而，將每個選擇的瞬間透過準確數值量化的數據似乎是不足的。地球人會在當下的這個選擇上投射價值判斷以外的情感。他們會記得過去做相似選擇時的後果，並依據那些記憶改變此刻當下的選擇。

今天午餐要吃什麼才能讓別人羨慕呢……

● 然而，萬一此時的選擇不如他們的期待，或是與記憶不符，地球人就會感到後悔。因為不確定如果今天做了不同選擇的話，結果會是怎麼樣，所以他們只能先後悔。

該做的事和早知道就不該做事，哪個更讓人後悔呢？

- 地球人做了也後悔，不做也後悔。他們甚至還做了研究，在做了之後而感到後悔，和因為沒有去做而後悔，哪種的後悔延續得更長。為了不懂後悔為何物的埃吾蕾人，我們傳達了這項地球人的研究結果。

- 如果是非常後悔的情況，據說是採取行動後的後悔。因為對於沒有實踐的事情，很難具體想像，也不知道具體的後悔內容。然而，在實際行動之後，因為能夠看到行動後帶來的結果，所以會留下巨大的如羞恥感，或是憤怒這樣的負面情緒。地球人也會用諸如「睡覺時想到也會馬上跳起來」、「後悔到踢被子」這些話來表達這種感受。看來地球人睡覺時做的事情還真多。

- 但據說沒有行動的後悔，留存在心中的時間更長久。人會停留在過去，即使歲月流逝，後悔也不會隨著時間過去而消失。這就是為什麼會說「做也後悔，不做也後悔」、「既然如此，就去試一次看看。」因此地球人有很高的機率會選擇先做就對了，之後再來後悔。

不該把購物袋拿去羅胡德叔叔家，讓他幫我保管的！

早知道就不要說我有奢華品牌的衣服了！

芭芭的後悔日記

- 決定像地球人一樣嘗試看看後悔。

- 到達地球的第二天，不該帶著哈拉哈拉去購物的。早知道就預先多製作幾套地球人套裝起來放。早知道就變身成地球無線電研究中心的研究員（應該要變裝成稍微再年輕一點。如果說可以在無線電研究中心工作，應該就能輕易獲取埃吾蕾的信號。）早知道就穿貓咪套裝，而不該穿狗套裝（貓咪可以不用一直被人類抱。）不過比起任何事情，最後悔的莫過於當初應該再多做一個哈拉哈拉。

- 穿上地球人套裝後，埃吾蕾探查隊果然也開始在對於有效率的價值判斷上變得困難重重。後悔的事情也增多了。果然地球就是一個會帶給埃吾蕾人負面情緒的負面行星，因此我們需要征服地球。

這本書的製作團隊

鄭在勝
企畫

在 KAIST（韓國科學技術院）獲得了物理學學士、碩士和博士學位。經歷包含耶魯大學醫學院精神病學系博士後研究員、高麗大學物理系研究教授以及哥倫比亞大學醫學院精神病學系助理教授，現為 KAIST 腦認知科學系教授。除了一邊探索著我們的大腦究竟是如何做出選擇的，同時也在研究能否藉由應用這一點，使人們可以透過想法來操作機器人，或創造出能像人類一樣判斷思考並做出選擇的人工智能。著作有《鄭在勝的科學演奏會》（2001）和《12 個腳印》（2018）等。

鄭在恩
文字

在這個企畫項目進行的期間，一下子是阿薩，一下子又變成羅胡德，有時候又變成歐洛拉或芭芭，像這樣不斷反覆的轉換並投入角色來完成這一整本圖書的故事。因為自己也不曾去過埃吾蕾行星，也沒有打開地球人的大腦來看過，為了創作編寫這些故事，必須非常認真的做許多研究和學習。著作有《胖粉基因偵查隊》、《孟德爾叔叔家的豌豆園》、《神祕數學幽靈》系列叢書等多部兒童讀物。 是一個腦中的寬廣宇宙無窮無盡，充滿創意的說故事的人。

金現民
繪圖

早早就擴展市場到歐洲的韓國漫畫家。在大學主修了工業設計後，因為小時候的夢想，而成為了一名漫畫家。透過參展法國昂古萊姆圖書展的契機，現在在法國出版社創作冒險漫畫《Archibald 阿奇博爾德》。喜歡能夠發揮想像力，像是非人類的怪物或是新奇的新角色等的圖畫。雖然身體無法脫離地球，但他的大腦就是一個漫遊者，夢想成為外太空旅人。

李高恩
文字

認知心理學家，將地球人的心理狀態以科學的方式說明並呈現，除了是她的興趣，還是她的專長。在釜山大學獲得了心理學學士學位和認知心理學碩博士學位後，便持續從事教學和研究工作。在科學網絡雜誌《Science On》上通過連載「探索心理實驗」作為開始，至今不斷透過各種媒體介紹心理學，同時出版了《內心實驗室》（2019），是一位講述科學故事的閃亮新星。

腦力激盪時間
第4冊搶先看

不能錯過的最後頁數
用著色遊戲和爬梯子遊戲
來放鬆大腦，
讓大腦變活躍吧！

你現在的心情如何？
用表情來表達看看吧！

地球們可以透過看一個人的臉部表情，得知那個人所感受到的情緒。

地球人的臉部有著43塊肌肉，可以創造出多達1000種表情。

看看你面前的人，他現在的心情怎麼樣呢？

平常的表情

開心

輕蔑

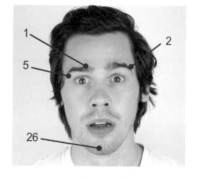

驚訝

看仔細了喵。

地球人的表情密碼

1 眉頭上揚   9 皺鼻子   20 嘴唇向側邊拉開

2 眉尾上揚   10 提起上嘴唇   23 閉合嘴唇

4 眉毛垂下   12 嘴角上揚   24 緊閉嘴唇

5 眼皮上揚   14 擠出酒窩   25 張開嘴巴

6 顴骨提高   15 嘴角下垂   26 下巴向下推

7 下眼皮緊繃   17 下巴上收

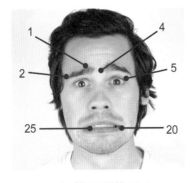

恐懼

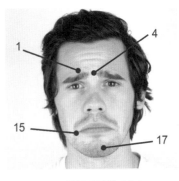

悲傷

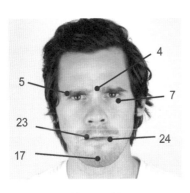

憤怒

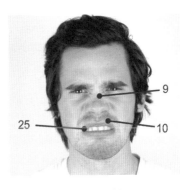

厭惡

我今天的心情是？
埃吾蕾探查隊，幫幫我吧！

第4冊搶先看

危險的地球人在
埃吾蕾人周遭熙熙攘攘？
青春叛逆期！讓人難以承受的地球人來了！

　　這些地球人連隔壁住著危險的鄰居都不知道，只會一天到晚來煩埃吾蕾人！探查隊收到一個請求，要他們和一個地球人一起，在藏著許多祕密的埃吾蕾本部生活。

　　「很抱歉，偏偏把一個危險的青春叛逆期小子交託給您……」

　　「不是說是危險的青春叛逆期小子嗎？叛逆期的地球人就是外星人。」

　　令周圍的人們擔心不已的那個小子不是別人，正是盧伊的弟弟。羅胡德看著這個不知道怎麼就收到家裡來的青春叛逆期地球人，一邊歪了歪頭。

　　「到底是哪裡危險呢？」

　　埃吾蕾探查隊把危險的地球人帶進本部，並監視他的一舉一動。但是青春叛逆期地球人卻關在房間裡一動也不動。他既不會去煩埃吾蕾人，對其他人的事情也不感興趣，只是安安靜靜……

　　和埃吾蕾人們好像啊！

　　但是過沒多久，青春叛逆期的地球人開始慢慢地露出他的真正本性⋯⋯

　　另一邊，地底世界的老大來到了埃吾蕾人居住的社區。在她面前登場的外星人是阿薩。

　　「妳該不會是⋯⋯？」

　　被揭開的老大的過往！她為什麼會變成了地底世界的首領呢？她找到外星人之後，又想要做什麼？鄭博士和老大實際上竟然互相認識？因為這些危險的地球人，埃吾蕾人的內心又開始動盪不安。探查隊會對地球人們做出什麼樣的判斷呢？

　　埃吾蕾人們觀察地球人的「青春叛逆期篇」，將在第四冊的故事內容中繼續。

科學小偵探 1：神祕島的謎團

科學知識 × 邏輯推理 × 迷宮逃脫 × 燒腦謎語

三位科學小偵探即將前往神祕島，迎接未知挑戰，
一場緊湊刺激的腦力大激盪即將展開！
隨著一關關的解謎過程，
學習生物、物質、浮力等科普知識，
只要理解科學原理的關鍵點，
所有的謎團都將一一破解！

科學小偵探 2：勇闖科學樂園！

科學知識 × 邏輯推理 × 迷宮逃脫 × 燒腦謎語

三位科學小偵探即將前往神祕島，迎接未知挑戰，
一場緊湊刺激的腦力大激盪即將展開！
隨著一關關的解謎過程，
學習生物、物質、浮力等科普知識，
只要理解科學原理的關鍵點，
所有的謎團都將一一破解！

元素角色圖鑑：
認識化學的基本元素，
活躍於宇宙、地球、人體的重要角色！

★讓孩子學習更加融會貫通的
「超可愛元素圖鑑百科」★

從人體到宇宙，認識與生活最親近的「元素奧祕」！
氫、鋰、鐵、氧、氯、鈣、鈸、氮等，
枯燥的元素角色變身為意想不到的有趣知識！
一起看見生活中的化學，建構科學素養，來場元素大探險！

小學生最實用的生物事典：
動物魔法學校＋生物演化故事
（隨書附防水書套）

★讓孩子輕鬆愛上理科的「圖像式趣味科普套書」★

為什麼動物都身懷絕技？
這些看似不可能辦到的事情，動物都能做到，
變色龍會消失、電鰻是天然發電機……
難道，牠們擁有魔法嗎？
106 種動物驚奇演化史＋幽默對話＋知識學習

驚人大發現！動物演化驚奇圖鑑：
原來以前動物長這樣？

烏龜以前沒有殼？老鼠原是龐然大物？
鯨魚曾有過 4 隻腳，並在陸地上行走？
原來我們熟悉的現今動物，
在幾千萬年前長得完全不一樣！
快來超級比一比，
看看這些動物有哪裡不一樣？

邏輯偵探小揭：
七大不可思議謎團

【小學生閱讀素養＋邏輯推理訓練】

每一個短篇揭開一個謎底，
考驗 5 分鐘就能破解一個謎團！
快跟著小揭與他的夥伴找出隱藏的線索，
輕鬆品嘗推理的樂趣！

人類圖鑑：
從外貌到生活文化，
由表達方式到價值觀的
多元世界圖解大全

★建立孩子世界觀的第一本書★

生為人類，我們有自己的膚色、
服飾傳統、飲食偏好、住房喜好……
甚至有不同的表達方式與審美觀。
認識自己的獨特之處，學習欣賞他人的與眾不同！

【小學生安心上學系列】
我會自己注意安全：
避免在教室、操場、專科教室與使用
文具時發生危險

★給小學生的校園安全故事讀本★

在學校裡，會發生哪些危機呢？
掌握正確的安全知識，才能應對危機，
讓孩子安心上學，收穫滿滿的回家！

【小學生安心上學系列】
我不喜歡你這樣對我：
遠離言語傷害、肢體暴力、
網路攻擊與威脅的校園霸凌

★給小學生的校園安全故事讀本★

在學校裡，會發生哪些危機呢？
掌握正確的安全知識，才能應對危機，
讓孩子安心上學，收穫滿滿的回家！

 采實文化 童心園

★警告！外星人入侵地球！★
想要征服地球、理解地球人的話，
首先必須瞭解他們的大腦！

 https://bit.ly/37oKZEa

立即掃描 QR Code 或輸入上方網址，

連結采實文化線上讀者回函，

歡迎跟我們分享本書的任何心得與建議。

未來會不定期寄送書訊、活動消息，

並有機會免費參加抽獎活動。采實文化感謝您的支持 ☺

童心園 275

【小學生的腦科學漫畫】

人類探索研究小隊03：為什麼人有這麼多情緒？

정재승의 인간탐구보고서 3 인간의 감정은 롤러코스터다

企　　畫	鄭在勝（정재승）
作　　者	鄭在恩（정재은）、李高恩（이고은）
繪　　者	金現民（김현민）
譯　　者	林盈楹
責任編輯	鄒人郁
封面設計	黃淑雅
內頁排版	連紫吟・曹任華

出版發行	采實文化事業股份有限公司
童書行銷	張惠屏・侯宜廷・陳俐璇
業務發行	張世明・林踏欣・林坤蓉・王貞玉
國際版權	鄒欣穎・施維真
印務採購	曾玉霞・謝素琴
會計行政	李韶婉・許俕瑀・張婕莛
法律顧問	第一國際法律事務所　余淑杏律師
電子信箱	acme@acmebook.com.tw
采實官網	http://www.acmestore.com.tw
采實文化粉絲團	http://www.facebook.com/acmebook
采實童書FB	https://www.facebook.com/acmestory/

Ｉ Ｓ Ｂ Ｎ	978-626-349-051-2
定　　價	350 元
初版一刷	2022 年 12 月
劃撥帳號	50148859
劃撥戶名	采實文化事業股份有限公司
	104台北市中山區南京東路二段95號9樓
	電話：(02)2511-9798　傳真：(02)2571-3298

國家圖書館出版品預行編目資料

(小學生的腦科學漫畫)人類探索研究小隊 . 3, 為什麼人
有這麼多情緒？/鄭在恩,李高恩作；金現民繪；林盈楹譯.
-- 初版. -- 臺北市：采實文化事業股份有限公司, 2022.12
　面；　公分. -- (童心園；275)
譯自：정재승의 인간 탐구 보고서 . 3
ISBN 978-626-349-051-2(平裝)

1.CST: 科學 2.CST: 漫畫

308.9

정재승의 인간 탐구 보고서 . 3

Copyright ©2019 Directed by Jaeseung Jeong,
Written by Jae-eun Chung and Go-eun Lee, Illustrated by Hyun-min Kim
All rights reserved.
Original Korean edition published by Book21 Publishing Group.
Chinese(complex) Translation Copyright ©2022 by ACME Publishing Co., Ltd.
Chinese(complex) Translation rights arranged with Book21 Publishing Group.
Through M.J. Agency, in Taipei.